U0801534

闭式布雷顿循环基础

王 捷 著

中国原子能出版社

图书在版编目（CIP）数据

闭式布雷顿循环基础 / 王捷著. -- 北京 : 中国原子能出版社, 2024. 9. -- ISBN 978-7-5221-2400-1

Ⅰ. TM611.3

中国国家版本馆 CIP 数据核字第 2024U8Q453 号

内 容 简 介

本书以气冷微堆气体透平循环发电系统为技术背景，针对其理论基础闭式布雷顿循环进行热力学分析和数学建模，建立闭式布雷顿循环理论分析体系，科学地描述其物理过程和内在关系，以便使读者能够从理论高度掌握闭式布雷顿循环的基本特性。本书用热力学的方法揭示闭式布雷顿循环的物理机理用数学的方法解析变化规律，同时还贯穿着一套以实际工程为背景的算例，意在让读者对闭式布雷顿循环理论能够有深刻的理解，对工程应用能够有理性的判断。本书可以用作高等学校高年级学生的专业基础课教材和科研院所工程技术人员的参考书。

闭式布雷顿循环基础

出版发行 中国原子能出版社（北京市海淀区阜成路 43 号 100048）
责任编辑 韩 霞
责任校对 刘 铭
责任印制 赵 明
印 刷 北京中科印刷有限公司
经 销 全国新华书店
开 本 787 mm×1092 mm 1/16
印 张 11
字 数 241 千字
版 次 2024 年 9 月第 1 版 2024 年 9 月第 1 次印刷
书 号 ISBN 978-7-5221-2400-1 定 价 **60.00** 元

前言

小型核电源适用于深空遨游、深海探测以及边疆海岛能源供给，在诸多的技术方案中，气冷微堆与气体透平循环相结合的发电方案是具有竞争优势的方案，从热力学的角度观察这是一个以气冷微堆为热源的闭式布雷顿循环。本书以气冷微堆气体透平循环发电系统为技术背景，针对其理论基础——闭式布雷顿循环进行热力学分析和数学推导，揭示物理机理阐明基本原理，使读者理解和掌握闭式布雷顿循环的基本理论，以便投身于气冷微堆气体透平循环发电系统的研究和设计工作中。

本书第 1 章是绪论，简要论述闭式布雷顿循环特性与开式布雷顿循环特性的主要区别；第 2 章是闭式布雷顿循环概述，从热力学角度总体描述闭式布雷顿循环的基本特性，从数学角度梳理守恒方程组的求解问题；然后分三章按稳态过程、变工况过程和动态过程顺序对闭式布雷顿循环的基础理论进行分析介绍。第 3 章阐述闭式布雷顿循环稳态过程的基本理论，并且介绍该热力循环系统设计和优化原理；第 4 章阐述闭式布雷顿循环变工况过程的基本理论，然后介绍分析三种基本控制方法；第 5 章阐述闭式布雷顿循环动态过程的基本理论，并且对甩负荷工况进行具体的分析计算。本书意在让读者掌握闭式布雷顿循环最基本的理论并且能够应用于实际的气冷微堆气体透平循环发电的工程中。

本书的理论基础是工程热力学和多元函数微积分，所有结论都可以从这两门学科直接推导获得。作者力求把复杂的气冷微堆气体透平循环系统抽象化，建立闭式布雷顿循环的物理模型和数学模型，然后用物理的方法阐述基本原理，用数学的方法揭示内在关系。本书的算例贯穿始终，这些算例都是以实际工程为技术背景抽象出来的。通过理论学习可以演算这些算例，通过演算这些算例反过来可以加深对理论的理解。每个算例都附有数值解的表格，读者可以用与书中相同的计算方法得到相同的结果。

本书介绍闭式布雷顿循环的基本概念，若需延伸阅读，可以参考本书参考文献中所列的内容。作者所属的清华大学氦透平与氦风机研究室的老师们和同学们长期从事高温气冷堆氦气透平循环发电系统的研究工作，取得了一系列的科研和学术成果，这些都是本书的思想源泉，感谢研究室老师们和同学们多年来对闭式布雷顿循环理论研究的贡献。同时，感谢胡庆祥同学为本书提供了守恒方程非稳态项分析的算例，还要感谢耿旭耀同学绘制了本书的原理示意图和计算结果曲线图。

由于是原创，错误难以避免，作者恳请各位读者和同学提出宝贵意见。

目录

第1章 绪论

1.1 技术背景

目前，核反应堆工程正在朝着小型移动式方向发展，如陆上小型移动式核动力电源、水下小型移动式核动力电源、空天核动力电源等。应用范围包括边疆海岛电力供应、海洋勘探动力源和电源、空间探索动力和电力供给，以及陆上、海洋和空天的国防应用。

小型移动式核动力电源有若干个技术方案，其中高温气冷堆与气体透平相结合的方案是具有竞争优势的方案。在这个方案中，高温气冷堆作为核热源加热气体工质，气体透平作为能量转换设备把气体工质携带的热能转化为机械能并通过发电机转化为电能。因为工质为气体不涉及相变问题，因此应用场合不受引力和温度的限制，陆上、水下、空天大范围都可以使用。

高温气冷堆中的气体工质是核反应堆堆芯的冷却剂，采用中子核反应截面小且化学性质稳定的氦气作为工质，氦气在气体透平流道中膨胀并做功，此时气体透平也被称作氦气透平。小型移动式核反应堆动力装置通常采用氦气作为工质，特殊情况下也可采用其他惰性气体为工质，如氦氙混合气体。

高温气冷堆和气体透平相结合的系统是一个热力循环系统，其理论基础是闭式布雷顿循环。因此，本书以高温气冷堆气体透平循环系统为技术背景，分析闭式布雷顿循环的基本特性，解析物理和数学关系式，揭示流动传热和耗功做功机理，从而初步建立闭式布雷顿循环的基础理论，为广大科研人员的研究和设计工作提供理论支持。

1.2 开式循环与闭式循环

纵观工业界，我们熟悉的气体透平循环系统有地面燃气轮机、海上燃气轮机以及航空发动机。地面燃气轮机通常输出轴功驱动发电机，海上燃气轮机通常也是输出轴功驱动螺旋桨，航空发动机通常向后喷出高速气体驱动飞机向前飞行。这些动力系统都是开式热力循环系统，即从大气环境中吸入空气做完功后又向大气环境排出尾气。

如果把上述开式气体透平循环中的燃烧室置换成高温气冷堆，就形成了开式高温气冷堆气体透平循环系统，其主工艺流程为开式气体透平循环，如图 1-1 所示。压气机从大气（如图 1-1 中“1”所示）中吸入空气然后压缩至高压（如图 1-1 中“2”所示），高压空气进入高温气冷堆后被加热至高温（如图 1-1 中“4”所示），然后进入透平膨胀做功，输出功驱动压气机和发电机，膨胀后的空气又排入大气（如图 1-1 中“5”所示），形成开式热力循环。如果上述热力循环过程是可逆过程，其热力循环便是可逆布雷顿循环，如图 1-2 所示。

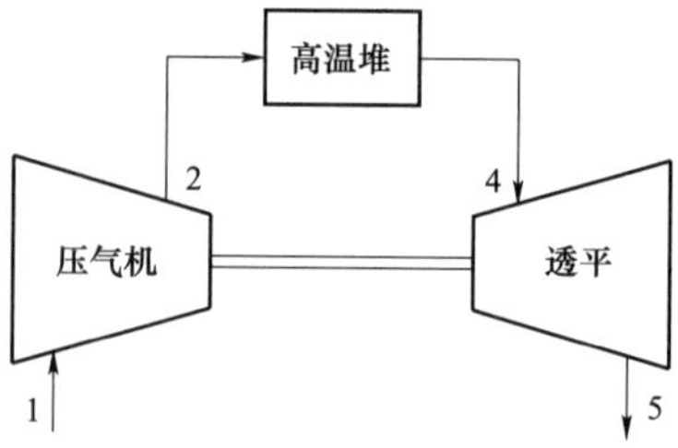

图 1-1　开式气体透平循环

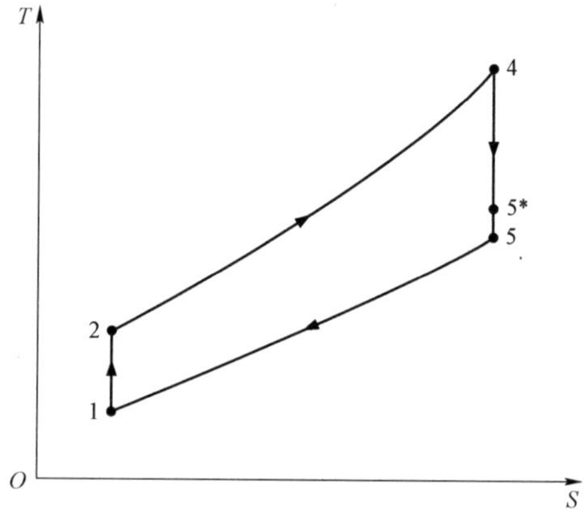

图 1-2　可逆布雷顿循环

为了分析高温气冷堆气体透平循环主要特性，图 1-2 把图 1-1 的热力循环过程抽象为可逆布雷顿循环过程。子过程 1—2 为等熵压缩过程，子过程 2—4 为等压吸热过程，子过程 4—5 为等熵膨胀过程。开式循环把尾气排入大气，并从大气吸入新鲜空气，相当于气体 5 经过等压放热变成气体 1，因此子过程 5—1 等效为等压放热过程。

根据热力学第一定律，图 1-2 的可逆布雷顿循环的吸热量 q_{in} 和放热量 q_{out} 如式（1-1）和式（1-2）

$$q_{\mathrm{in}} = i_4 - i_2 \tag{1-1}$$

$$q_{\mathrm{out}} = i_5 - i_1 \tag{1-2}$$

式中：i_i 为节点的比焓；

η 为循环效率，定义如式（1-3）。

$$\eta = 1 - \frac{q_{\mathrm{out}}}{q_{\mathrm{in}}} \tag{1-3}$$

假设气体的比定压热容为常数，经过推导，图 1-2 的可逆布雷顿循环效率 η 为式（1-4）：

$$\eta = 1 - \frac{T_5 - T_1}{T_4 - T_2} \tag{1-4}$$

式中：T_i 为节点的热力学温度。

下面给出一个算例，具体考察可逆布雷顿循环的特性。假设图 1-2 的可逆布雷顿循环工作在最高温度 900 ℃和最低温度 26 ℃之间，各节点温度如表 1-1 所示。通过式(1-4)的计算，循环效率 η 为 30.6%。

表 1-1 可逆布雷顿循环各节点温度

节点	t/℃	T/K
1	26	299
2	158	431
4	900	1173
5	541	814

如前所述，高温气冷堆的冷却剂是氦气，气体透平循环的工质是氦气，通常称之为高温气冷堆氦气透平循环。在有些特殊场合也使用其他惰性气体作为工质，如氦氙混合气体。考虑到工质的昂贵以及带有一定的放射性，高温气冷堆氦气透平循环是闭式循环，其主工艺流程为闭式气体透平循环，如图 1-3 所示，在节点 5 和节点 1 之间增加一个换热器冷却透平的尾气。

观察图 1-1 和图 1-3，闭式气体透平循环（也就是闭式布雷顿循环）出现三个新问题：（1）增加的换热器对循环有什么影响？（2）换热器排出的热量能否再利用？（3）闭式循环系统工质气体的充装量对循环有什么影响？这是闭式布雷顿循环区别于开式布雷顿循环的三个主要问题，下面进行简要的分析。

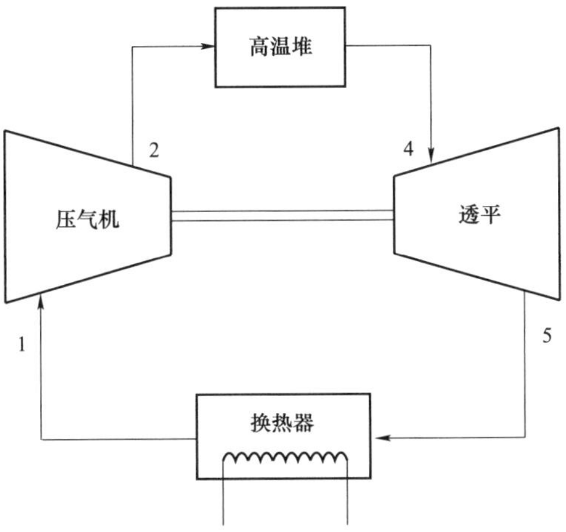

图 1-3 闭式气体透平循环

1.3 闭式布雷顿循环的基本特点

在工业界和学术界人们所熟悉的气体透平循环动力系统基本上属于开式布雷顿循

环，即压气机从大气环境吸入空气，经过一系列的压缩—吸热—膨胀过程后透平把尾气排入大气环境。如果在透平出口和压气机入口之间安装一个冷却器并用管路相连，透平的尾气不排入大气环境而是经过冷却器后进入压气机入口，这便形成了闭式布雷顿循环。

闭式布雷顿循环与开式布雷顿循环相比较，两者归属“布雷顿循环”的热力学特性都相同，归属“开式和闭式”的热工特性有所不同。上节所述的闭式布雷顿循环出现的三个新问题等价于，（1）透平背压高于压气机入口压力；（2）透平尾气余热有被利用的可能；（3）闭式循环系统压力与环境压力无关。分析这三个问题衍生出闭式布雷顿循环相对于开式布雷顿循环的三个独特的基本特点。

1.3.1　特点 1：闭式回路的压力损失

图 1-2 和图 1-3 的闭式布雷顿循环的子过程分为两类。第一类是做功子过程，子过程 1—2 为等熵压缩过程，子过程 4—5 为等熵膨胀过程。第二类是传热子过程，子过程 2—4 为等压吸热过程，子过程 5—1 为等压放热过程。为了分析由开式回路变为闭式回路带来的主要影响，第一类子过程仍然保持等熵状态仍然是可逆过程，第二类子过程考虑流动阻力的影响不再是等压过程也就不再是可逆过程。下面简要分析这个闭式布雷顿循环区别于开式布雷顿循环的主要特性。

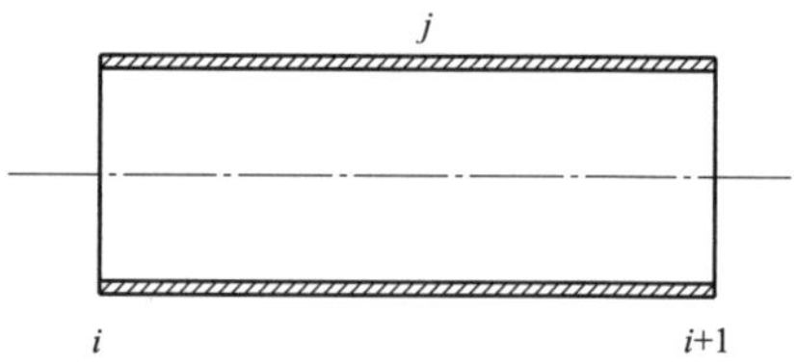

图 1-4　传热子过程流道示意图

传热子过程流道示意图如图 1-4 所示，流体从入口节点 i 经过管程流向出口节点 $i+1$，流道标号为 j。

流体压力从入口的 p_i 降至出口的 p_{i+1}，管道的压力恢复系数 ξ_j 定义为式（1-5）：

$$\xi_j = \frac{p_{i+1}}{p_i} \tag{1-5}$$

可见图 1-2 的子过程 2—4 不再是等压过程，压力恢复系数为 ξ_{2-4}，同样子过程 5—1 也不再是等压过程，压力恢复系数为 ξ_{5-1}。

参考图 1-2 和图 1-3，假设循环最高温度 T_4 和最低温度 T_1 不变，假设子过程 1—2 的压缩比不变温度 T_2 也不变。经过热力学分析可以得到，由于子过程 2—4 和子过程 5—1 的流动阻力的影响，子过程 4—5 的膨胀比减小，尾气温度升高为 T_5^*，如式（1-6）：

$$T_5^* = T_5 \left(\xi_{2-4}\xi_{5-1}\right)^{-\left(\frac{k-1}{k}\right)} \tag{1-6}$$

式中：k 为工质的比热比，定义为比定压热容与比定容热容之比，c_p / c_v。

参考图 1-2，上述的非可逆循环为循环 1—2—4—5*（节点 4 和 5*的熵增未标出）。根据式（1-3）循环效率 η 为式（1-7）：

$$\eta = 1 - \frac{T_5^* - T_1}{T_4 - T_2} \tag{1-7}$$

此时的传热子过程流动阻力与循环效率关系如图 1-5 所示。假设循环工质为氦气，比热比 k 为 1.665，通过式（1-6）和式（1-7）可以算出循环 1—2—4—5*的效率 η，当总压力恢复系数 $\xi_{2-4}\xi_{5-1}$ 为 1 时，循环 1—2—4—5 为可逆循环，效率 η 为 30.6%。随着 $\xi_{2-4}\xi_{5-1}$ 的下降 η 也下降，也就是说循环效率随着回路流动阻力的增加而下降。

开式循环总压力恢复系数为 ξ_{2-4}，闭式循环总压力恢复系数为 $\xi_{2-4}\xi_{5-1}$，因为 $\xi_{2-4}\xi_{5-1}$ 小于 ξ_{2-4}，所以这里闭式循环效率小于开式循环。

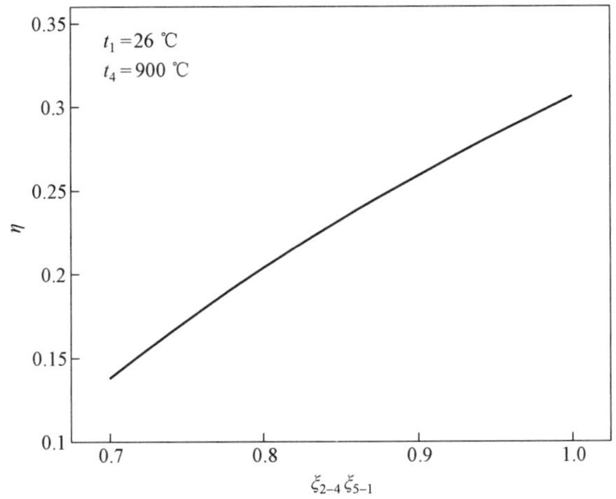

图 1-5 传热子过程流动阻力与循环效率关系（无回热）

结论 1：与开式循环相比较，闭式布雷顿循环系统流动阻力增大循环效率下降。

提示：相对于子过程 2—4，子过程 5—1 中流体压力小体积流量大，换热器的阻力和体积问题是设计的难题。

1.3.2 特点 2：回热器的换热和阻力

表 1-1 的数据显示，通常透平的尾气仍然具有较高的温度 T_5，这部分能量可以回收利用以提高循环效率。把图 1-2 的吸热子过程 2—4 分为两段，低温段 2—3 和高温段 3—4，放热子过程 5—1 也分为两段，高温段 5—6 和低温段 6—1，如图 1-6 的可逆回热布雷顿循环所示。放热子过程高温段 5—6 流体的热量不向环境排放而是传输给吸热子过程低温段 2—3，剩下的放热子过程低温段 6—1 流体的热量排向环境。吸热子过程低温段 2—3 的流体从放热子过程高温段 5—6 吸收热量，然后进入吸热子过程高温段 3—4 从高温气冷堆吸收热量。

工程上的具体做法是增加回热器，如图 1-7 的带有回热器的闭式气体透平循环所示。透平尾气先进入回热器低压侧加热高压侧工质气体，然后再进入换热器向环境散热。压气机出口的高压气体先进入回热器高压侧预热，然后再进入高温堆被加热至高温。

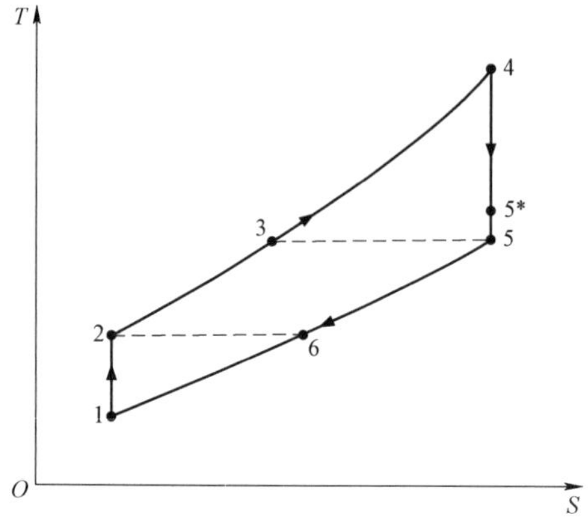

图 1-6　可逆回热布雷顿循环

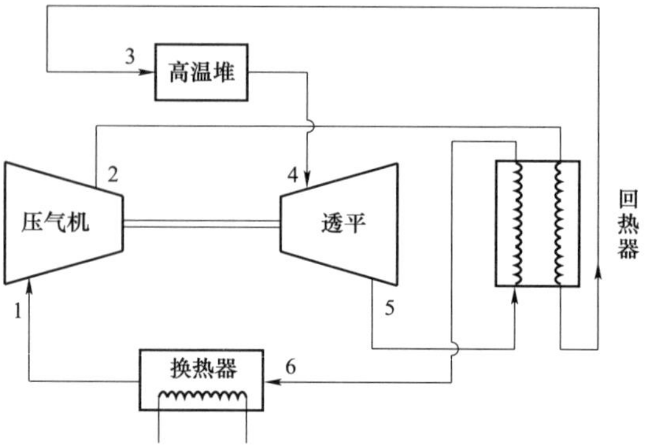

图 1-7　带有回热器的闭式气体透平循环

参考图 1-6，假设回热过程，即子过程 5—6 和子过程 2—3 的传热过程，是可逆过程，循环 1—2—3—4—5—6 是可逆循环，且 T_3 等于 T_5，T_6 等于 T_2。根据式（1-3），循环效率 η 为式（1-8）：

$$\eta = 1 - \frac{T_2 - T_1}{T_4 - T_5} \tag{1-8}$$

将表 1-1 的数据代入式（1-8），得到循环效率为 63.3%。比较图 1-2 和图 1-6 两个可逆循环，增加回热过程可以使循环效率大幅提高。需要说明的是在工程上回热器的大小是有限的，要达到可逆的回热过程换热器传热面积需要无限大。

与图 1-2 的分析方法一样，图 1-6 的闭式布雷顿循环的子过程也分为两类。第一类是做功子过程，子过程 1—2 为等熵压缩过程，子过程 4—5 为等熵膨胀过程。第二类是传热子过程，子过程 2—3 和 3—4 为等压吸热过程，子过程 5—6 和 6—1 为等压放热过程。同样，第一类子过程仍然保持等熵状态仍然是可逆过程，第二类子过程考虑流动阻力的影响不再是等压过程也就不再是可逆过程。吸热子过程 2—3 和 3—4 的压力恢复系数为 $\xi_{2\text{-}3}$ 和 $\xi_{3\text{-}4}$，放热子过程 5—6 和 6—1 的压力恢复系数为 $\xi_{5\text{-}6}$ 和 $\xi_{6\text{-}1}$。子过程 5—6 和子过程 2—3 之间的传热过程仍然假设为可逆过程。

同样，经过热力学分析可以得到，由于传热子过程流动阻力的影响，子过程 4—5 的膨胀比减小，尾气温度升高为 T_5^*，如式（1-9）：

$$T_5^* = T_5\left(\xi_{2\text{-}3}\xi_{3\text{-}4}\xi_{5\text{-}6}\xi_{6\text{-}1}\right)^{-\left(\frac{k-1}{k}\right)} \tag{1-9}$$

式中：k 为工质的比热比，定义为比定压热容与比定容热容之比，c_p / c_v。

在图 1-6 中，上述的非可逆循环变为循环 1—2—3—4—5*—6（节点 3、4、5*和 6 的熵增未标出）。根据式（1-3）循环效率 η 为式（1-10）：

$$\eta = 1 - \frac{T_2 - T_1}{T_4 - T_5^*} \tag{1-10}$$

假设循环工质为氦气，比热比 k 为 1.665，通过式（1-9）和式（1-10）可以算出循环 1—2—3—4—5*—6 的效率 η，此时的传热子过程流动阻力与循环效率关系如图 1-8 所示。当总压力恢复系数 $\xi_{2-3}\xi_{3-4}\xi_{5-6}\xi_{6-1}$ 为 1 时，循环 1—2—3—4—5—6 为可逆循环，效率 η 为 63.3%。随着 $\xi_{2-3}\xi_{3-4}\xi_{5-6}\xi_{6-1}$ 的下降 η 也下降，也就是说循环效率随着回路流道阻力的增加而下降，在总压力恢复系数 $\xi_{2-3}\xi_{3-4}\xi_{5-6}\xi_{6-1}$ 中 $\xi_{2-3}\xi_{5-6}$ 为回热器的压力恢复系数。

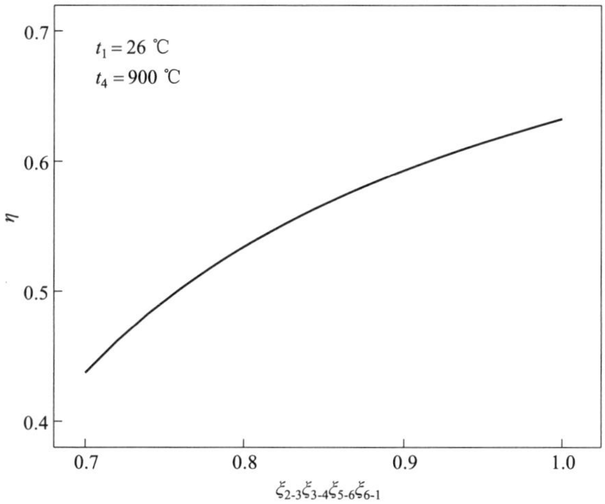

图 1-8 传热子过程流动阻力与循环效率关系（有回热）

图 1-6 的闭式布雷顿循环分析中子过程 5—6 和子过程 2—3 之间的传热过程仍然假设为可逆过程，从传热学角度分析此时换热面积无穷大是不可能实现的。在工程设计中，回热器换热面积增大回收热量增加有利于循环效率的提高，同时流道阻力增加透平膨胀比减小不利于循环效率的提高。

结论 2：回热器利用系统余热提高循环效率，同时增加系统流道阻力降低循环效率，因此回热器换热量的大小存在优化点。

提示：回热器换热量接近优化点时换热面积较大，通常采用紧凑式换热器。

1.3.3 特点 3：工质充装量调节

观察图 1-2 和图 1-3 的闭式布雷顿循环，输出比功 w 为式（1-11）：

$$w = q_{\text{in}} - q_{\text{out}} \tag{1-11}$$

把式（1-1）的循环吸热量 q_{in} 和式（1-2）的循环放热量 q_{out} 代入式（1-11），可以得到式（1-12）：

$$w = c_p(T_4 - T_2) - c_p(T_5 - T_1) \tag{1-12}$$

式中：c_p 为工质气体的比定压热容。

因为是可逆循环，进一步推导可以得到式（1-13）：

$$w = c_p\left(T_4 - T_1\varepsilon^{\frac{k-1}{k}}\right) - c_p\left(T_4\varepsilon^{-\left(\frac{k-1}{k}\right)} - T_1\right) \tag{1-13}$$

式中：k 为工质气体的比热比（c_p / c_v）；

ε 为压缩子过程 1—2 的压缩比（p_2 / p_1），其值是涡轮压气机组转速 n 的函数式（1-14）：

$$\varepsilon = \varepsilon(n) \tag{1-14}$$

因此，输出比功 w 可以表示为式（1-15）：

$$w = w(T_1, T_4, n) \tag{1-15}$$

输出比功 w 是循环最低温度 T_1、循环最高温度 T_4 和透平压气机组转速 n 的函数。

闭式布雷顿循环的输出功率 $\dot{P}$ 为循环的质量流量 $\dot{m}$ 与输出比功 w 的乘积：

$$\dot{P} = \dot{m}w \tag{1-16}$$

根据连续方程，循环的质量流量 $\dot{m}$ 可以表示为节点 1 的质量流量 $\dot{m}_1$：

$$\dot{m} = \dot{m}_1 \tag{1-17}$$

进一步推导可得到式（1-18）：

$$\dot{m}_1 = \rho_1 \dot{v}_1 \tag{1-18}$$

式中，节点 1 的气体密度 ρ_1 是闭式布雷顿循环系统中工质气体的充装量 M 的单调增函数，见式（1-19）：

$$\rho_1 = \rho_1(M) \tag{1-19}$$

另外，节点 1 的压气机的体积流量 $\dot{v}_1$ 与转速 n 成正比：

$$\dot{v}_1 = \dot{v}_1(n) \tag{1-20}$$

将式（1-15）、式（1-19）和式（1-20）代入式（1-16），闭式布雷顿循环输出功率 $\dot{P}$ 可以表示为式（1-21）：

$$\dot{P} = \rho_1(M)\dot{v}_1(n)w(T_1, T_4, n) \tag{1-21}$$

闭式布雷顿循环的输出功率 $\dot{P}$ 受三个因素控制：压气机入口气体密度 ρ_1、压气机体积流量 $\dot{v}_1$ 和循环输出比功 w。闭式布雷顿循环的运行参数有四个：工质气体充装量 M、透平压气机组转速 n、循环最低温度 T_1 和循环最高温度 T_4，理论上为可调的运行参数。在闭式布雷顿循环系统的运行过程中，改变四个运行参数 M、n、T_1 和 T_4 的大小，通过式（1-21）的三个因素 ρ_1、$\dot{v}_1$ 和 w 的变化调节输出功率 $\dot{P}$。

对于开式布雷顿循环，式（1-21）中工质气体充装量 M 不可调节，节点 1 的密度 ρ_1 为常数，输出功率 $\dot{P}$ 不变化。对于闭式布雷顿循环，M 可以人为地增大或减小，增加了一个输出功率 $\dot{P}$ 的调节手段。

对于闭式布雷顿循环，如果单独调节工质充装量 M 而其他三个运行参数不变，假设此时各节点温度保持不变，经过推导可以得到节点 1 的密度 ρ_1 与充装量 M 成正比，见式（1-22）：

$$\frac{\rho_1}{\rho_{1,0}} = \frac{M}{M_0} \tag{1-22}$$

式中：下标 0 指额定工况

$$\frac{\dot{P}}{\dot{P}_0}=\frac{M}{M_0} \tag{1-23}$$

闭式布雷顿循环输出功率 $\dot{P}$ 与系统工质充装量 M 成正比，见式（1-23）。如图 1-9 闭式布雷顿循环工质充装量调节所示。此时用式（1-3）计算所得的循环效率 η 为常数。

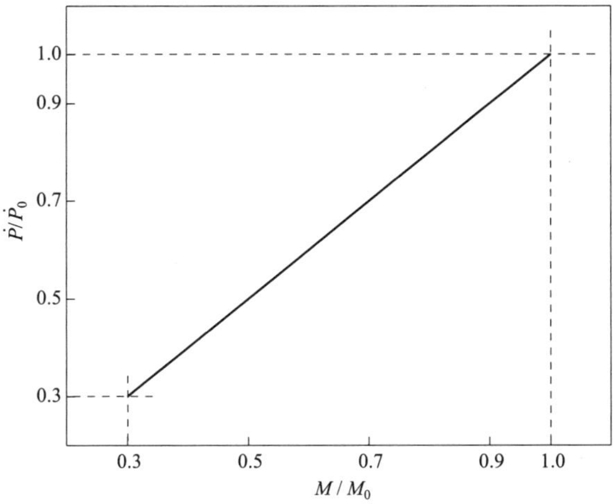

图 1-9 闭式布雷顿循环工质充装量调节

结论 3：与开式循环相比较，闭式布雷顿循环系统增加一个工质充装量的调节方法，理论上可以在不同的输出功率条件下保持循环效率不变。

提示：工质充装量的调节方法是闭式布雷顿循环系统变工况调节首选方法。

第 2 章 闭式布雷顿循环概述

2.1 热力循环描述

典型的高温气冷堆氦气透平循环发电系统如图 2-1 所示。

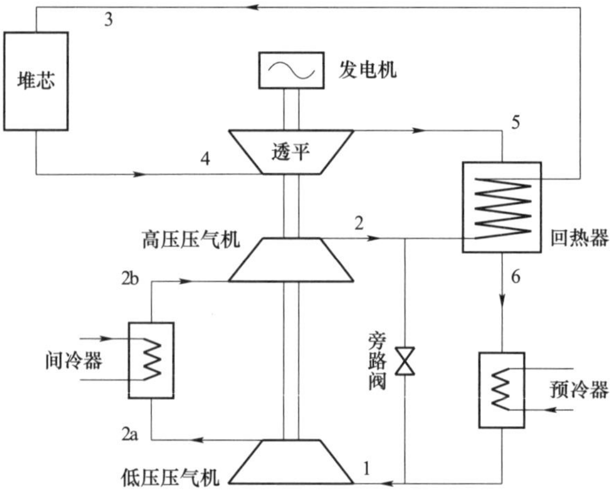

图 2-1 典型的高温气冷堆氦气透平循环发电系统

氦气通过压气机被压缩成高压氦气，然后经过高温气冷堆堆芯（图 2-1 中的“堆芯”）被加热成高温氦气，高温高压氦气在透平中膨胀做功，驱动压气机旋转同时驱动发电机发电。重复上述压缩、吸热和膨胀过程，形成高温气冷堆氦气透平循环。

压缩过程分为两级压缩，在低压压气机和高压压气机之间增加间冷器，能够降低氦气温升以减少压气机耗功。在通常情况下，透平出口氦气温度明显高于压气机出口氦气温度，因而增加回热器可以有效利用透平尾气的余热。高压压气机出口的高压氦气流经回热器高压侧进行预热，然后进入高温气冷堆堆芯被加热至高温。透平出口的高温氦气流经回热器的低压侧，把热量传输给高压侧氦气，然后进入预冷器降至低温。以上过程不断重复形成带有预冷、间冷和回热过程的高温气冷堆氦气透平循环。

由于增加了回热器和间冷器，整个高温气冷堆氦气透平循环发电系统的循环效率明显提高。另外，在高压压气机出口和低压压气机入口之间设计有旁路阀，旁路阀处于常闭状态，需要时打开增加压气机负荷，从而减少发电机输出功或降低压气机透平发电机轴系转速。

以上述高温气冷堆氦气透平循环发电系统为技术背景的闭式布雷顿循环温熵图如图 2-2 所示。氦气从节点 1 经过带间冷的两级压缩过程被压缩至节点 2 的高压状态，流经回热器的高压侧被预热至节点 3，然后进入高温气冷堆堆芯被加热至高温。节点 4 的高温高压氦气在透平中膨胀做功至节点 5，流经回热器低压侧把余热传输给高压侧后降温至节点 6，然后进入预冷器降至节点 1 低温。以上过程不断重复进行。

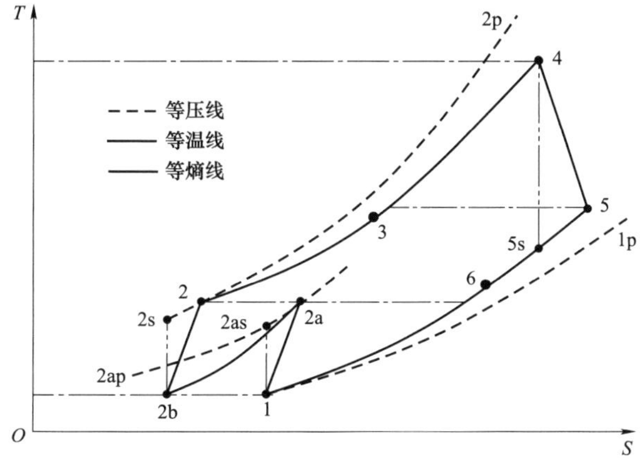

图 2-2 闭式布雷顿循环温熵图

子过程 1—2as 和子过程 2b—2s 分别为等熵低压压缩过程和等熵高压压缩过程，是可逆过程。子过程 1—2a 和子过程 2b—2 是实际的低压压缩过程和高压压缩过程，存在熵增是不可逆过程，与可逆过程相比耗功较大出口温度较高。子过程 4—5s 是等熵膨胀过程，是可逆过程。子过程 4—5 是实际的膨胀过程，同样存在熵增是不可逆过程，与可逆过程相比做功较小出口温度较高。传热子过程包括子过程 2a—2b 间冷过程，子过程 2—3 预热过程，子过程 3—4 加热过程，子过程 5—6 放热过程和子过程 6—1 预冷过程，这些子过程都存在压力损失，都是不可逆过程。

2.2 系统分析特点

图 2-2 的闭式布雷顿循环的每一个子过程都可以作为一个单元进行分析，如图 2-3 的子过程分析示意图所示。连续方程、动量方程和能量方程 3 个守恒方程描述物理现象和过程，入口处为已知参数，即质量流量 $\dot{m}_{in}$ 、压力 p_{in} 和绝对温度 T_{in} ，出口处为未知参数，即质量流量 $\dot{m}_{out}$ 、压力 p_{out} 和热力学温度 T_{out} 。输入 3 个已知参数，由 3 个守恒方程求出 3 个未知参数并输出。

图 2-3　子过程分析示意图

考察图 2-2 可以发现，闭式布雷顿循环包含 8 个子过程，每个子过程可以建立连续方程、动量方程和能量方程 3 个守恒方程，8 个子过程共有 24 个方程。闭式布雷顿循环共有 8 个节点，每个节点含有 3 个变量，质量流量 $\dot{m}_i$ 、压力 p_i 和热力学温度 T_i，8 个节点共有 24 个变量。初步观察，整个系统共计 24 个方程，24 个变量。

对 8 个子过程的 24 个守恒方程进行推导可以发现，独立方程有 21 个，且是无量纲方程。用节点 1 的质量流量 $\dot{m}_1$、压力 p_1 和绝对温度 T_1 除以各节点相对应的变量，节点 1 的 3 个变量都分别为 1，另外 7 个节点的 21 个变量均为无量纲变量，并且是 21 个无量纲守恒方程的解。这 21 个无量纲守恒方程和无量纲变量是闭式布雷顿循环的核心方程和变量，确定了该热力循环最基本的机理和特性。

把上述 21 个独立的无量纲方程还原为有量纲方程，8 个节点的 24 个变量还原为有量纲变量，并定义节点 1 为循环的特征点。对特征点参数 $\dot{m}_1$、p_1 和 T_1 赋值， 21 个有量纲方程组可以求解其余 7 个节点上的 21 个变量 $\dot{m}_i$、 p_i 和 T_i，如图 2-4 的闭式布雷顿循环分析示意图所示。从数学的角度观察，闭式布雷顿循环系统有 21 个方程，21 个未知数，需要 3 个输入参数。

图 2-4 展示的是热力学理论上可以实现的闭式布雷顿循环的基本形式和相应的数学描述，实际的闭式布雷顿循环在此基础上还要受到环境和技术的影响。间冷器的出口温度 T_{2b} 由环境温度决定需要赋值（$=T_1$），因此去掉 1 个变量和相应的 1 个能量方程。反应堆出口温度 T_4，即透平入口温度，主要由材料特性和技术水平决定也需要赋值 T_4，再去掉 1 个变量和相应的 1 个能量方程。实际的闭式布雷顿循环有 19 个方程，19 个未知数，如图 2-5 的闭式布雷顿循环分析示意图所示。另外，预冷器增加 1 个动量方程较有利于循环系统的计算，因此需要减去透平的 1 个动量方程。

高温气冷堆氦气透平循环发电系统通常在高压压气机出口和低压压气机入口之间设计有旁路阀，如图 2-1 所示。旁路阀子过程分析示意图如图 2-6 所示，流体在管内做等焓流动。观察连续方程、动量方程和能量方程，上游流体的质量流量为 $\dot{m}_{up}$，其中 β 份额的质量流量 $\dot{m}_{up}\beta$ 流经旁路阀，下游的质量流量 $\dot{m}_{down}$ 等于 $\dot{m}_{up}\beta$。旁路阀下游的压力 p_{down} 应当是下游的背压 p_{back}。因为氦气接近于理想气体，等焓流动近似为等温流动，下游温度 T_{down} 等于上游温度 T_{up}。

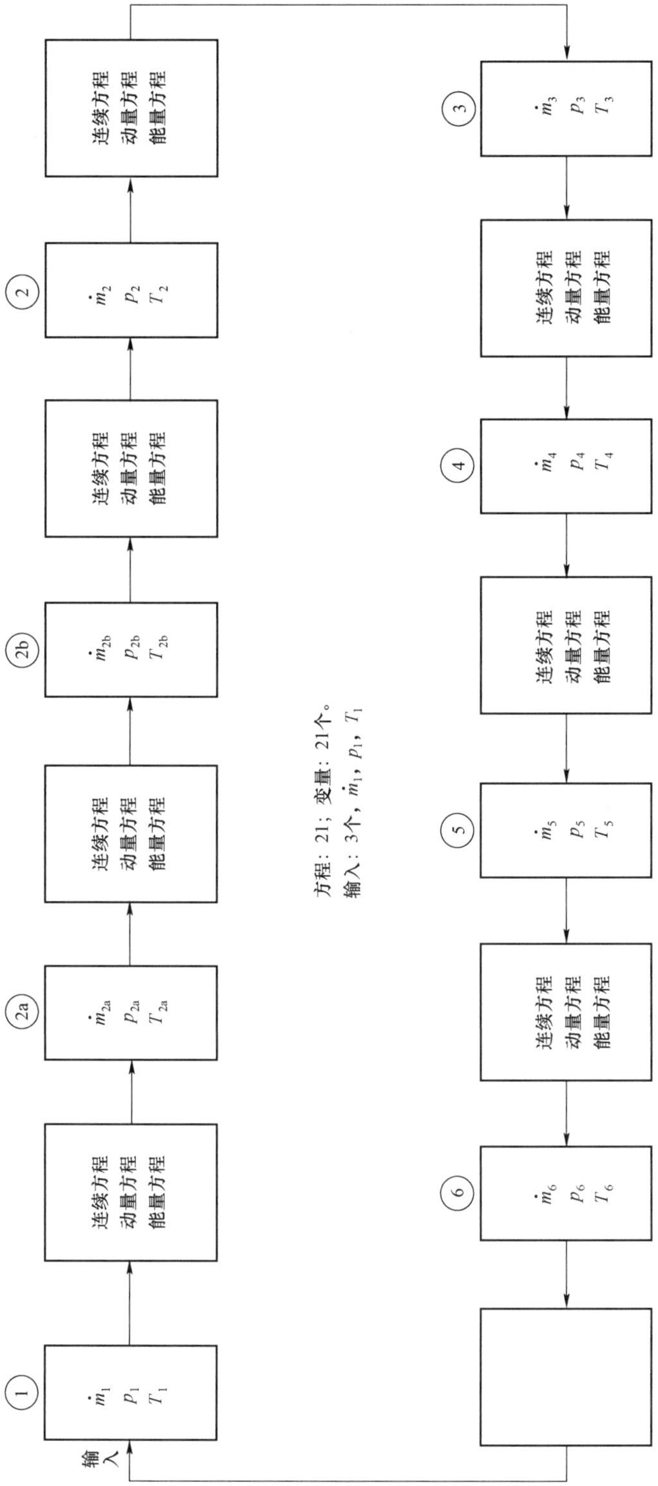

图 2-4　闭式布雷顿循环分析示意图（一般方案）

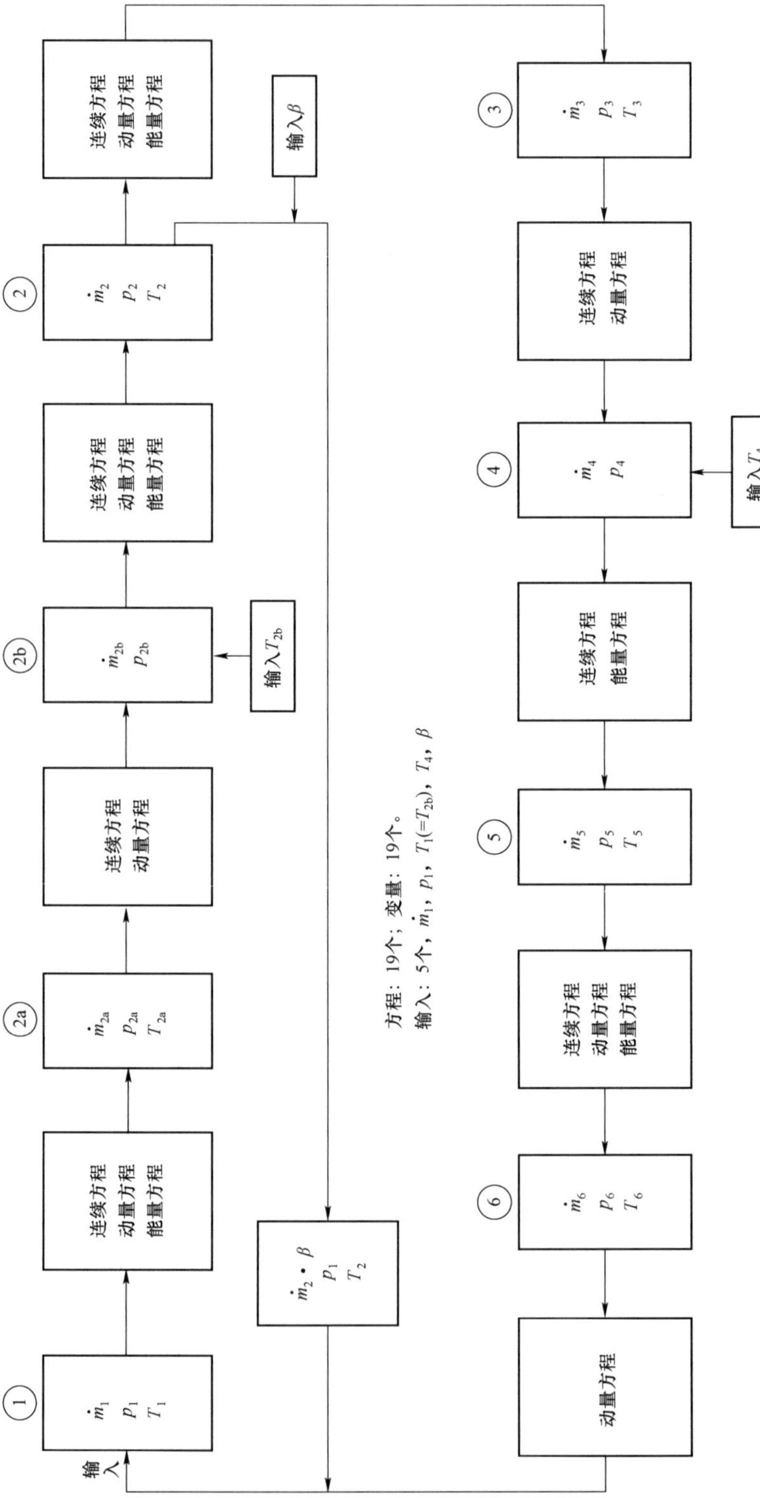

图 2-5　闭式布雷顿循环分析示意图（优化方案）

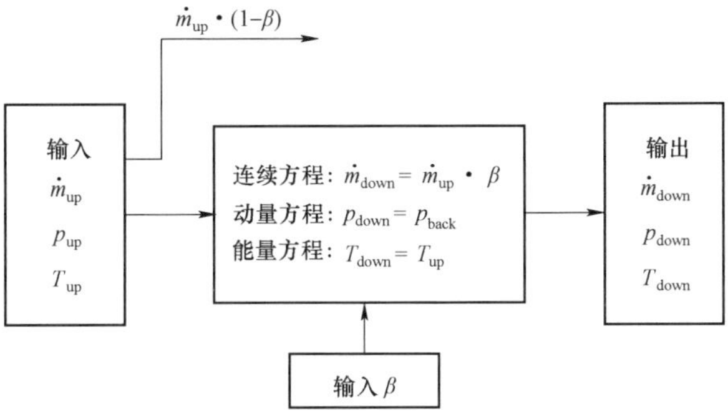

图 2-6　旁路阀子过程分析示意图

把图 2-6 的结果添加到图 2-5 得到典型的闭式布雷顿循环系统的计算分析框图。输入 5 个已知参数，通过 19 个守恒方程联立求解得到 19 个未知变量。输入的 5 个参数为低压压气机入口（循环特征点）的质量流量 $\dot{m}_1$、压力 p_1 和热力学温度 T_1，以及反应堆堆芯出口温度 T_4 和旁路阀分流率 β。此处，间冷器的出口温度 T_{2b} 与预冷器的出口温度 T_1 相同。

图 2-7 所示的是闭式布雷顿循环分析流程图。

首先是输入 5 个参数，即低压压气机入口（循环特征点）的质量流量 $\dot{m}_1$、压力 p_1 和热力学温度 T_1，以及反应堆堆芯出口温度 T_4 和旁路阀分流率 β。然后联立求解 19 个守恒方程，得到 19 个节点参数，这些节点上的质量流量 $\dot{m}_i$、压力 p_i 和热力学温度 T_i 可以视作解联立方程的“直接结果”。在此基础上，运用各子过程的能量方程可以求出“衍生结果”，做功子过程的耗功和做功，传热子过程的吸热和放热。有了堆芯发热量和系统输出功就可以进行下一步的“拓展研究”，框图中列出了两个主要内容，与堆芯物理热工分析耦合研究和与转子动力学分析耦合研究。堆芯的发热量 Q_{core} 像是一座桥梁，一边是热力循环；另一边是堆芯物理和热工，可以把两者结合起来分析和计算。系统输出功 P 也是一座桥梁，一边是热力循环；另一边是转子动力学，也可以把两者结合起来分析和计算。

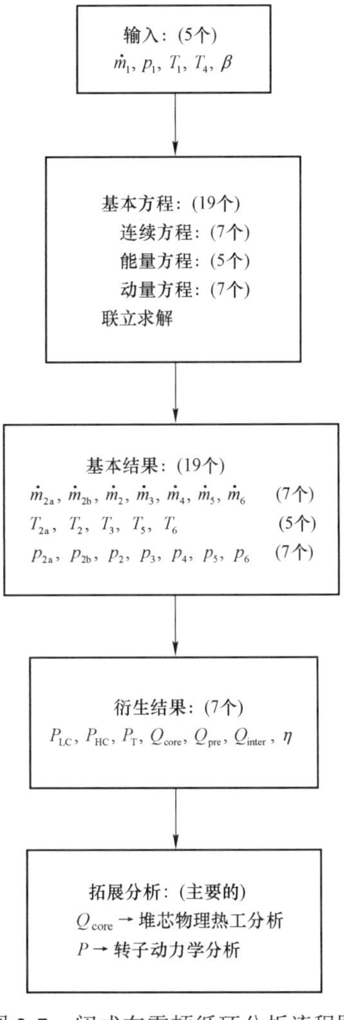

图 2-7　闭式布雷顿循环分析流程图

另外需要说明的是，闭式布雷顿循环的 8 个子过程的连续方程、动量方程和能量方程共 24 个守恒方程都是客观存在的，区别是有些运用在联立方程中求解节点变量，有些单独使用求解子过程的其他参数，有些则两者都参与。

2.3 系统的自由度

参考图 2-5，令变量向量 $\boldsymbol{X}$ 为式（2-1）：

$$\boldsymbol{X}=\left[\dot{m}_{2a},\dot{m}_{2b},\cdots,\dot{m}_6,p_{2a},p_{2b},\cdots,p_6,T_{2a},T_2,\cdots,T_6\right]^T \tag{2-1}$$

式（2-1）中含有 19 个元素。19 个守恒方程可以表示为式（2-2）：

$$\begin{cases} f_1(\boldsymbol{X},\dot{m}_1,p_1,T_1,T_4,\beta)=0 \\ f_2(\boldsymbol{X},\dot{m}_1,p_1,T_1,T_4,\beta)=0 \\ \qquad\vdots \\ f_{19}(\boldsymbol{X},\dot{m}_1,p_1,T_1,T_4,\beta)=0 \end{cases} \tag{2-2}$$

令守恒方程向量 $\boldsymbol{F}$ 为式（2-3）：

$$\boldsymbol{F}=[f_1,f_2,\cdots,f_{19}]^T \tag{2-3}$$

式（2-3）中含有 19 个元素。守恒方程组可以表示为式（2-4）：

$$\boldsymbol{F}\,(\boldsymbol{X},\dot{m}_1,p_1,T_1,T_4,\beta)=\boldsymbol{0} \tag{2-4}$$

解向量方程（2-4）得到式（2-5）：

$$\boldsymbol{X}=\boldsymbol{X}\,(\dot{m}_1,p_1,T_1,T_4,\beta) \tag{2-5}$$

节点变量向量 $\boldsymbol{X}$ 是 5 个输入参数的函数，即低压压气机入口（循环特征点）质量流量 $\dot{m}_1$、压力 p_1 和热力学温度 T_1 以及反应堆堆芯出口温度 T_4 和旁路阀分流率 β，理论上存在 5 个自由度。

低压压气机入口质量流量 $\dot{m}_1$ 可以表示为密度 ρ_1 和体积流量 $\dot{v}_1$ 的乘积：

$$\dot{m}_1=\rho_1\dot{v}_1 \tag{2-6}$$

将理想气体状态方程代入式（2-6）得到式（2-7）：

$$\dot{m}_1=\frac{p_1}{RT_1}\dot{v}_1 \tag{2-7}$$

式中：R 为气体常数。

在压气机的设计工作范围内，体积流量 $\dot{v}_1$ 和转速 n 成正比：

$$\dot{v}\propto n \tag{2-8}$$

因此：

$$\dot{m}_1=\dot{m}_1(p_1,T_1,n) \tag{2-9}$$

式（2-5）可以改写为式（2-10）：

$$\boldsymbol{X}=\boldsymbol{X}\,(p_1,T_1,T_4,\beta,n) \tag{2-10}$$

节点变量向量 $\boldsymbol{X}$ 还是 5 个输入参数的函数，与式（2-5）相比，低压压气机入口质量流量 $\dot{m}_1$ 换成了压气机转速 n，理论上还是存在 5 个自由度。

若把方程（2-4）无量纲化并解此方程，可以得到与式（2-5）相对应的无量纲节点变量向量，其无量纲自由度为 4 个，即低压压气机入口压力与额定工况时的比值 $p_1/p_{1,0}$、堆芯出口温度与低压压气机入口温度比值 τ_4（$=T_4/T_1$）、旁路阀分流率 β 以及氦气透平压气机组转速与额定工况时的比值 n/n_0。具体演算详细说明如下。

在实际的高温气冷堆氦气涡轮循环发电系统中，低压压气机入口温度 T_1 主要由环境温度决定不能自由地变化，因此减少 1 个实际自由度 T_1，对于式（2-10）实际自由度为 4 个。

若氦气透平压气机组转速 n 恒定，则得到式（2-11）：

$$\boldsymbol{X}=\boldsymbol{X}(p_1,T_1,T_4,\beta) \tag{2-11}$$

式（2-11）实际自由度为 3 个，无量纲自由度为 3 个。若旁路阀也不打开，则分流率 β 为 0，有式（2-12）：

$$\boldsymbol{X}=\boldsymbol{X}(p_1,T_1,T_4) \tag{2-12}$$

式（2-12）实际自由度为 2 个，无量纲自由度为 2 个。

表 2-1 是本书所述的闭式布雷顿循环分析的物理和数学模型，在以下章节依次展开说明。

表 2-1　闭式布雷顿循环分析的物理和数学模型（本书阐述）

章节	第 3 章	第 4 章	第 5 章
解的形式	$\boldsymbol{X}(p_1,T_1,T_4)$	$\boldsymbol{X}(p_1,T_1,T_4,\beta)$	$\boldsymbol{X}(p_1,T_1,T_4,\beta,n)$
实际自由度	p_1，T_4	p_1，T_4，β	p_1，T_4，β，n
无量纲自由度	$p_1/p_{1,0}$，τ_4	$p_1/p_{1,0}$，τ_4，β	$p_1/p_{1,0}$，τ_4，β，n/n_0
循环过程	稳态过程	变工况过程	动态过程
三大守恒方程	稳态方程	稳态方程	稳态方程
透平压气机参数	常数	常数	变化
换热流道参数	常数	变化	变化
转子动力学方程	稳态方程	稳态方程	动态方程
工程算例	优化设计	控制方法	甩负荷分析

2.4　理论分析说明

闭式布雷顿循环的系统分析含有连续方程、动量方程和能量方程，共 19 个守恒方程，数学上是 19 个非稳态偏微分方程。由于高温气冷堆氦气透平发电系统结构布置紧凑且氦气流速较高，经过分析研究连续方程、动量方程和能量方程动态项的作用很微小可以忽略不计（详见第 4 章），近似为稳态的连续方程、动量方程和能量方程，数学上变为 19 个稳态偏微分方程。

工质气体的稳态守恒方程并不意味着变量不随时间变化，在很多情况下流量、压力和温度是随时间变化的，是时间的函数。例如高温气冷堆堆芯设计计算，核反应的中子动力学方程是非稳态方程，核材料的固体导热方程是非稳态方程，但是冷却剂氦气的守恒方程是稳态方程。反应堆动态变化时，随着时间的变化核燃料的功率发生变化，核材料的温度发生变化，导致氦气流量、压力和温度发生变化。从数学角度观察，工质气体守恒方程的形式是稳态方程，即动态项为 0，但是边界条件是时间的函数，所以守恒方程的解也是时间的函数。

在闭式布雷顿循环研究分析中主要遇到两类动态分析案例，参见图 2-7 中的“拓展分析”。一类是反应堆功率变化引起的热力循环系统的变化，堆芯中子动力学方程是非稳态方程，核材料固体导热方程是非稳态方程，热力循环系统中氦气工质的守恒方程是稳态方程，堆芯功率和温度的变化引起氦气参数的变化。另一类是负载和转速变化引起的热力循环系统的变化，透平发电机组轴系的转子动力学方程是非稳态方程，热力循环系统中氦气工质的守恒方程是稳态方程，转子负荷和转速的变化引起氦气参数的变化。

若把闭式布雷顿循环的 19 个稳态偏微分方程近似为空间一维的常微分方程，再沿循环子过程的流道进行积分变为 19 个代数方程，则这 19 个代数方程中含有一系列参数。做功子过程包括压气机和透平的性能参数，传热子过程包括流道阻力和传热特性参数，在闭式布雷顿循环的稳态过程分析中两者都是常数，在变工况过程分析中前者是常数后者有变化，在动态过程分析中两者都有变化。

本书以下章节分析研究闭式布雷顿循环的主要方法和内容如表 2-1 的闭式布雷顿循环分析的物理和数学模型所示。针对式（2-10）、式（2-11）和式（2-12），每一个公式所描写的情景都有可能产生稳态过程、变工况过程和动态过程。为了循序渐进分析讲解，稳态过程对应于式（2-12），变工况过程对应于式（2-11）以及动态过程对应于式（2-10）。另外，由于篇幅有限本书并未涉及中子动力学相关分析研究，如表 2-2 所示。

表 2-2　闭式布雷顿循环分析的物理和数学模型（本书未阐述）

章节	第 3 章	第 4 章	第 5 章
中子动力学方程	稳态方程	稳态方程	动态方程
工程算例			堆芯功率调节

思考题

1. 写出图 2-7 中的 19 个守恒方程的一般形式，然后变换为 19 个无量纲方程，分析比较这两个有量纲方程组和无量纲方程组的特点。

2. 如果选择反应堆堆芯的反应性 ρ_{ex} 为输入参数，闭式布雷顿循环的自由度会发生什么变化，试从式（2-5）出发推导新的式（2-10）。

第 3 章 稳态过程和优化设计

本章分析和阐述闭式布雷顿循环的稳态过程特性，并运用具有工程背景的优化设计算例进行具体的说明。数学模型对应于第 2 章的式（2-12），理论自由度为 3，即低压压气机入口（循环特征点）压力 p_1 和热力学温度 T_1 以及反应堆堆芯出口温度 T_4，实际自由度变为 2，即 p_1 和 T_4。无量纲自由度为 2，即低压压气机入口压力与额定工况时的比值 $p_1 / p_{1,0}$ 和堆芯出口温度与低压压气机入口温度比值 τ_4 （$=T_4 / T_1$）。本章分析计算的主要方法和内容归纳在第 2 章的表 2-1 闭式布雷顿循环分析的物理和数学模型之中。

3.1 循环系统分析方法

工程热力学教科书通常是对单位工质的热力循环进行分析讲解。因此，本书也试图把闭式布雷顿循环转化成单位工质的热力循环，以便于分析和计算。

参考第 2 章的图 2-5 闭式布雷顿循环分析示意图，本章分析研究闭式布雷顿循环的稳态过程，因此去掉分流回路，旁路阀分流率也自然去掉。闭式布雷顿循环含有 19 个方程，19 个未知数，需要输入 4 个参数，即循环特征点节点 1 低压压气机入口的质量流量 $\dot{m}_1$、压力 p_1 和温度 T_1 以及节点 4 反应堆的出口温度 T_4。

假设系统中的工质流经回路一周所用时间为 θ_0，对于某一节点流量 $\dot{m}_i$ 进行积分，得到式（3-1）：

$$\int_0^{\theta_0} \dot{m}_i \mathrm{d}\theta = M_i \text{，} \quad i=1,2\mathrm{a},2\mathrm{b},2,3,4,5,6 \tag{3-1}$$

式中：M_i 为节点积分流量也是系统中工质的充装量。

根据连续方程式（3-2）：

$$M_1 = M_{2\mathrm{a}} = \cdots = M_6 = M \tag{3-2}$$

循环系统中工质的充装量统一用 M 表示，在系统几何空间一定的条件下是系统压力和温度的函数。对动量方程和能量方程进行积分 $\int_0^{\theta_0} \mathrm{d}\theta$，结果如图 3-1 无分流闭式布雷顿循环分析示意图所示，节点压力 p_i 和热力学温度 T_i 为时间段 θ_0 的平均值。

在图 3-1 中，用充装量 M 除以每个节点的流量，结果质量流量都变为单位流量 1，且连续方程自然成立。用充装量 M 除以其余每个方程，动量方程和能量方程变为单位质量的动量方程和能量方程，如图 3-2 无分流闭式布雷顿循环分析示意图所示。以下便可以像工程热力学教科书一样分析研究单位工质的闭式布雷顿循环的特性。

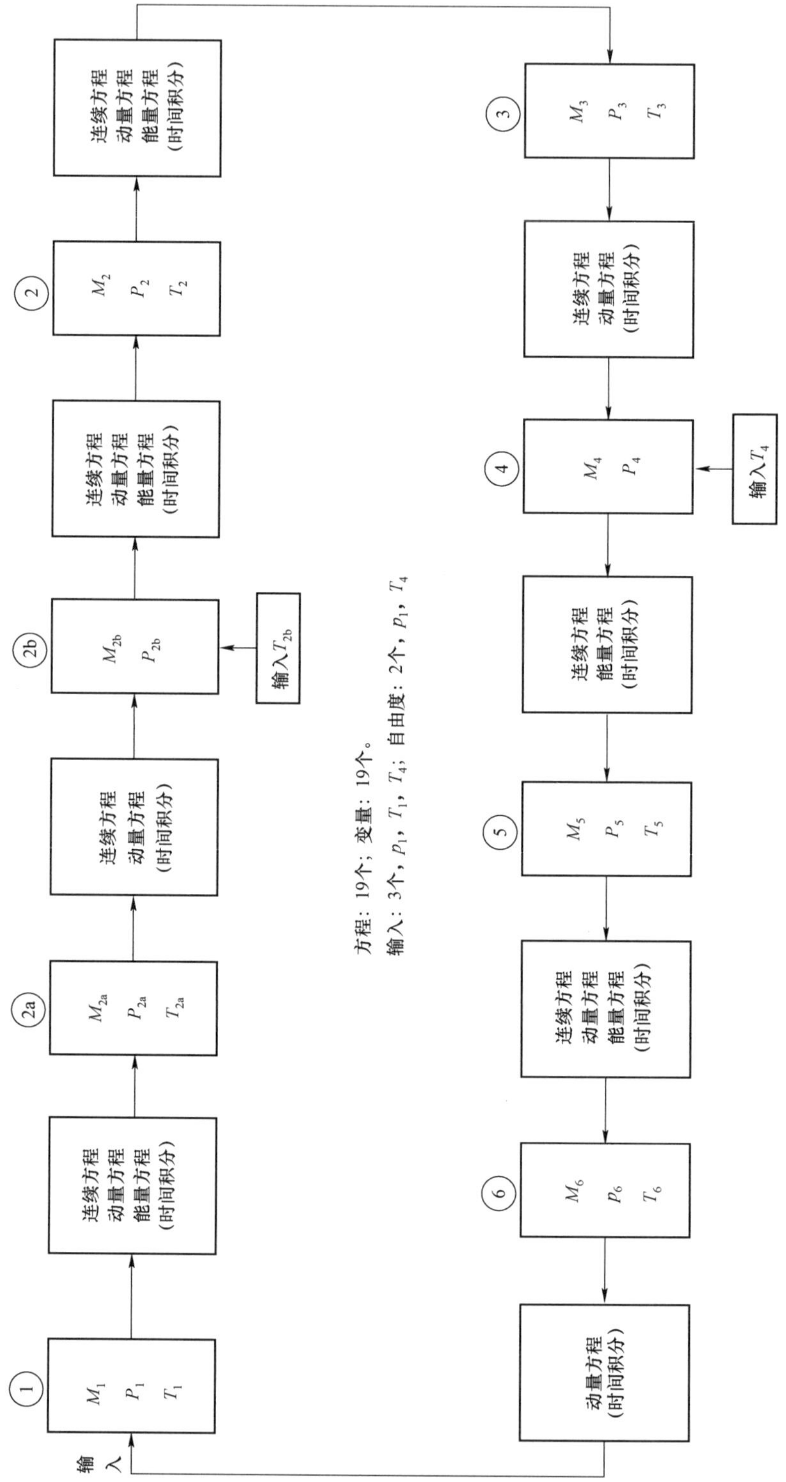

图 3-1 无分流闭式布雷顿循环分析示意图（时间积分方程）

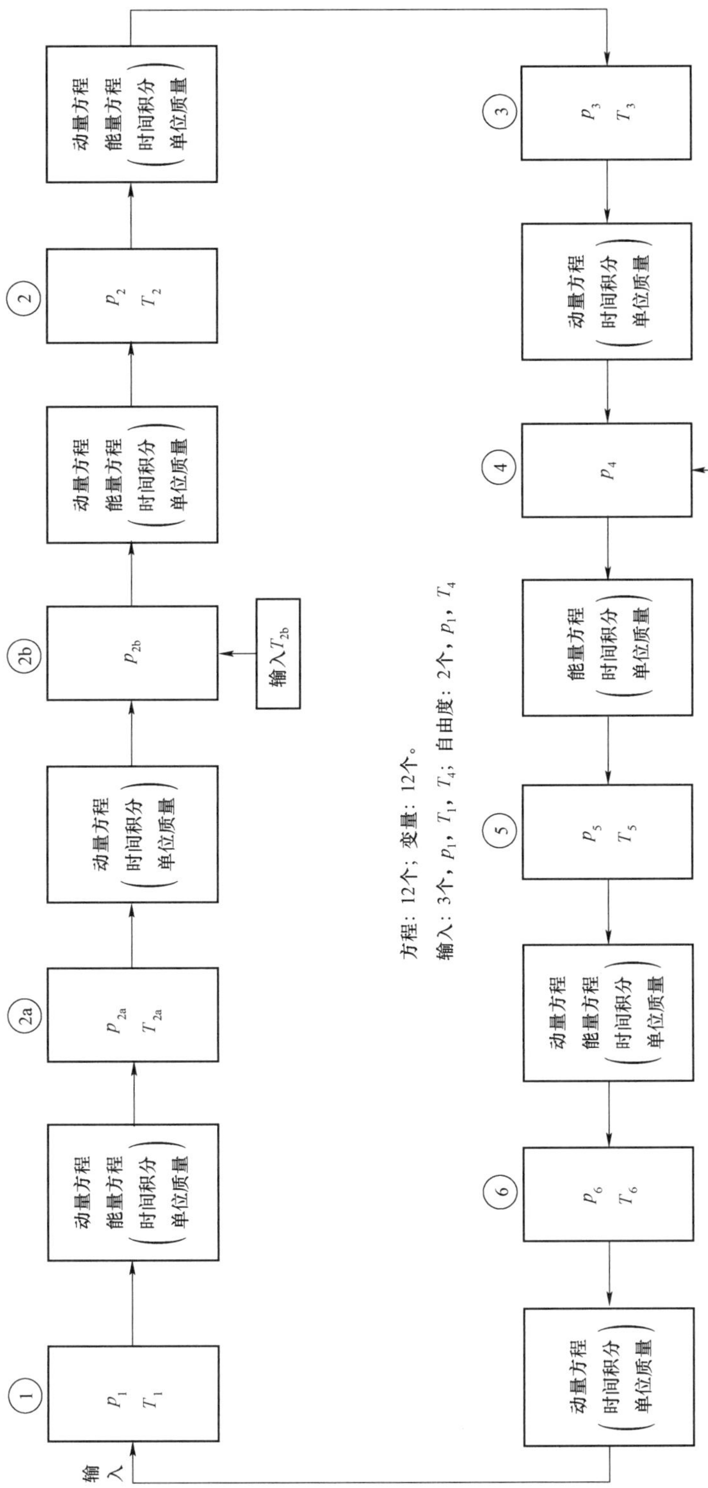

图 3-2 无分流闭式布雷顿循环分析示意图（单位质量方程）

图 3-2 呈现的闭式布雷顿循环含有 12 个方程，12 个未知数，3 个输入参数。根据第 2 章的分析，实际的自由度有 2 个，即循环特征点节点 1 低压压气机的入口压力 p_1 和节点 4 反应堆的出口温度 T_4。

3.2　各子过程守恒方程

图 3-2 中的各子过程的连续方程自然成立，下面逐个建立各子过程的动量方程和能量方程，共计 12 个。

如前所述，闭式布雷顿循环的子过程分为两类，第一类是耗功和做功子过程，包括压缩子过程 1—2a 和 2b—2 以及膨胀子过程 4—5；第二类是换热子过程，包括间冷子过程 2a—2b，预冷子过程 6—1，堆芯加热子过程 3—4 以及回热子过程 2—3 和 5—6。

首先针对耗功和做功子过程进行推导和简要说明，详细过程可以参考文献[1]和参考文献[2]。

低压压气机的压缩子过程 1—2a 的温熵图如图 3-3 单级压缩过程所示。

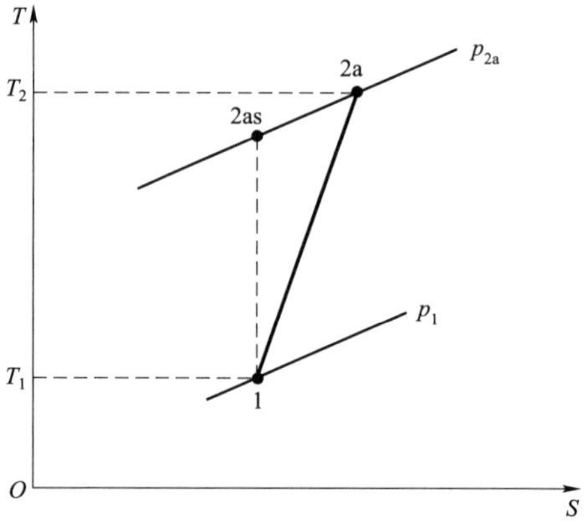

图 3-3　单级压缩过程

气体工质从节点 1 的压力 p_1 压缩到节点 2a 的压力 p_{2a}，同时温度也从 T_1 上升到 T_{2a}。同样压缩比的可逆过程 1—2as 为等熵过程，耗功和温升小于实际过程 1—2a。等熵过程的关系式为式（3-3）：

$$\frac{T_{2as}}{T_1}=\left(\frac{p_{2a}}{p_1}\right)^{\frac{k-1}{k}} \tag{3-3}$$

式中：k 为比热比，即比定压热容和比定容热容之比 c_p/c_v，对于氦气其值为 1.665。

定义低压压缩机的压缩比 ε_{LC} 为式（3-4）：

$$\varepsilon_{LC}=\frac{p_{2a}}{p_1} \tag{3-4}$$

式（3-4）即为子过程 1—2a 的动量方程。定义低压压缩机的等熵效率 η_{LC} 为等熵过程耗功和实际过程耗功之比：

$$\eta_{LC}=\frac{i_{2as}-i_1}{i_{2a}-i_1} \tag{3-5}$$

式（3-5）即为子过程 1—2a 的能量方程。
式中：i_i 为节点比焓。

根据参考文献［3］，在 0.1～10 MPa，0～1 000 ℃范围内，可以认为氦气的比定压热容和比定容热容均为常数。因此，式（3-5）可以简化为式（3-6）：

$$\eta_{LC}=\frac{T_{2as}-T_1}{T_{2a}-T_1} \tag{3-6}$$

用同样方法分析高压压气机的压缩子过程 2b—2，可以得到类似结果，如图 3-4 带间冷的两级压缩过程中的子过程 2b—2 所示。

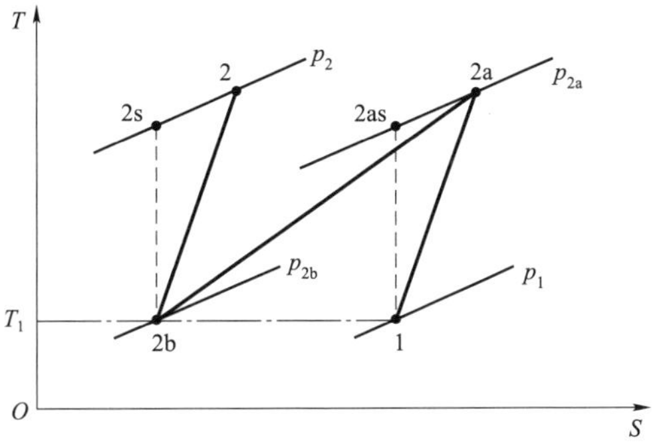

图 3-4　带间冷的两级压缩过程

可逆过程 2b—2s 为等熵过程，关系为式（3-7）：

$$\frac{T_{2s}}{T_{2b}}=\left(\frac{p_2}{p_{2b}}\right)^{\frac{k-1}{k}} \tag{3-7}$$

定义高压压气机的压缩比 ε_{HC} 为式（3-8）：

$$\varepsilon_{HC}=\frac{p_2}{p_{2b}} \tag{3-8}$$

式（3-8）即为子过程 2b—2 的动量方程。定义高压压气机的等熵效率 η_{HC} 为等熵过程耗功和实际过程耗功之比，式（3-9）：

$$\eta_{HC}=\frac{i_{2s}-i_{2b}}{i_2-i_{2b}} \tag{3-9}$$

式（3-9）即为子过程 2b—2 的能量方程，其中 i_i 为节点比焓。同样，式（3-9）可以简化为式（3-10）：

$$\eta_{HC}=\frac{T_{2s}-T_{2b}}{T_2-T_{2b}} \tag{3-10}$$

如图 3-4 所示，整个压缩过程分为两个子过程，低压压气机压缩子过程 1—2a 把气体工质从压力 p_1 压缩至压力 p_{2a}，高压压气机压缩子过程 2b—2 把气体工质从压力 p_{2b} 压缩至压力 p_2。两者由间冷器相连接，把低压压气机出口温度 T_{2a} 降至低温 T_{2b} 后再进入高压压气机。与一级压缩相比较，即直接把气体工质从压力 p_1 压缩至压力 p_2，二级压缩可以显著地降低整个压缩过程的耗功，从而提高循环效率，同时压气机出口温度也明显下降。

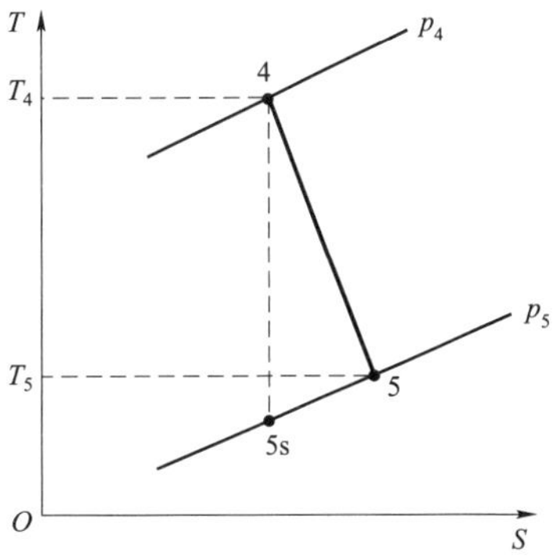

图 3-5　膨胀过程

图 3-5 膨胀过程展示了膨胀子过程 4—5 的温熵图，

气体工质从节点 4 的压力 p_4 膨胀到节点 5 的压力 p_5，同时温度也从 T_4 下降到 T_5。可逆膨胀过程 4—5s 为等熵过程，与实际过程 4—5 相比做功大温差也大。

等熵过程的关系为式（3-11）：

$$\frac{T_4}{T_{5s}}=\left(\frac{p_4}{p_5}\right)^{\frac{k-1}{k}} \tag{3-11}$$

式中：k 为比热比，即比定压热容和比定容热容之比 c_p/c_v，对于氦气其值为 1.665。

定义透平的等熵效率 η_T 为实际过程做功和等熵过程做功之比：

$$\eta_T=\frac{i_4-i_5}{i_4-i_{5s}} \tag{3-12}$$

式（3-12）即为子过程 4—5 的能量方程，同样可以简化为式（3-13）：

$$\eta_T=\frac{T_4-T_5}{T_4-T_{5s}} \tag{3-13}$$

换热子过程包括间冷子过程 2a—2b，预冷子过程 6—1，堆芯加热子过程 3—4 以及回热子过程 2—3 和 5—6，5 个子过程。根据图 3-2，需要建立这 5 个子过程的 5 个动量方程，另外还要建立 2 个回热子过程的能量方程。

参考第 1 章的图 1-4 传热子过程流道示意图，定义流道 j 的压力恢复系数 ξ_j 为流道出口压力 p_{i+1} 与进口压力 p_i 的比值，如式（3-14）：

$$\begin{aligned}&\xi_j=\frac{p_{i+1}}{p_i}\\&j=2a—2b,2—3,3—4,5—6,6—1\\&i=2a,2,3,5,6\end{aligned} \tag{3-14}$$

式（3-14）也是 5 个传热子过程的动量方程。

参考第 2 章的图 2-2 闭式布雷顿循环温熵图，回热过程的回热度 α 定义为实际过程的传热量和可逆过程的传热量之比，式（3-15）：

$$\alpha=\frac{i_3-i_2}{i_5-i_2} \tag{3-15}$$

式中：i_i 为节点的比焓。

式（3-15）也是回热子过程 2-3 的能量方程，由于氦气的比定压热容可以认为是常数，可以简化为式（3-16）：

$$\alpha=\frac{T_3-T_2}{T_5-T_2} \tag{3-16}$$

式中：T_i 为节点的热力学温度。

回热度 α 还可以定义为式（3-17）：

$$\alpha=\frac{i_5-i_6}{i_5-i_2} \tag{3-17}$$

式中：i_i 为节点的比焓。

式（3-17）也是回热子过程 5—6 的能量方程，同样可以简化为式（3-18）：

$$\alpha = \frac{T_5 - T_6}{T_5 - T_2} \tag{3-18}$$

式中：T_i 为节点的热力学温度。

本节推导的能量方程的通用表达为式（3-19）：

$$i_{i+1} - i_i = q - w \tag{3-19}$$

式中：i_{i+1} 为子过程出口比焓；i_i 为子过程入口比焓；q 为加入的热量；w 为对外做功。

对于耗功和做功子过程 q 为 0，w 可以用等熵过程耗功（或做功）乘以（或除以）等熵效率来表示；对于回热子过程 w 为 0，q 可以用可逆过程传热量乘以回热度来表示。

本节推导的动量方程都表示为子过程出口压力 p_{i+1} 和入口压力 p_i 的比值 p_{i+1}/p_i，在耗功子过程中定义为压缩比，在传热子过程中定义为压力恢复系数。

本节推导的各子过程的能量方程和动量方程形式比较简单，实际的能量方程和动量方程的诸多复杂因素都集中在压缩比、等熵效率、压力恢复系数以及回热度内，这些参数是闭式布雷顿循环的重要特性参数。

3.3 数学方程组

观察图 3-1 的无分流闭式布雷顿循环分析示意图，闭式布雷顿循环的守恒方程有 19 个，变量 19 个，输入参数 3 个。经过数学变换后图 3-1 的方程组变为图 3-2 的形式，连续方程为单位工质的连续方程且自然成立，余下的动量方程和能量方程需要联立求解，共 12 个方程，12 个变量，需要输入 3 个参数，闭式布雷顿循环基本特性和变化过程由这 12 个有量纲方程描述和控制。如果进行无量纲变换，上述有量纲守恒方程变换为 12 个无量纲守恒方程，变量也变换为 12 个无量纲变量，此时需要输入 1 个无量纲参数，这是闭式布雷顿循环的核心方程和变量，确定了该热力循环最基本的机理和特性。

3.3.1 有量纲联立方程组

根据图 3-2 的无分流闭式布雷顿循环分析示意图，闭式布雷顿循环系统包含 12 个方程，可以求解 12 个变量。系统的输入参数有 3 个，即循环特征点低压压气机入口的温度 T_1 和压力 p_1 以及反应堆出口温度 T_4，其中 2 个为系统的实际自由度，即 p_1 和 T_4。

把第 3.2 节推导得到的各子过程的动量方程和能量方程列于表 3-1 的闭式布雷顿循环有量纲方程组中，共计 12 个。表中有 3 个补充方程，若代入相对应的能量方程式子过于冗长，所以单独列出。

表 3-1　闭式布雷顿循环有量纲方程组（12 个方程）

子过程编号	方程类型	公式	方程编号
1	子过程 1—2a		
	动量方程	$\frac{p_{2a}}{p_1}=\varepsilon_{LC}$	（1）
	能量方程	$\frac{T_{2as}-T_1}{T_{2a}-T_1}=\eta_{LC}$	（2）
	等熵方程	$\frac{T_{2as}}{T_1}=\left(\frac{p_{2a}}{p_1}\right)^{\frac{k-1}{k}}$	补充-1
2	子过程 2a—2b		
	动量方程	$\frac{p_{2b}}{p_{2a}}=\xi_{2a-2b}$	（3）
3	子过程 2b—2		
	动量方程	$\frac{p_2}{p_{2b}}=\varepsilon_{HC}$	（4）
	能量方程	$\frac{T_{2s}-T_{2b}}{T_2-T_{2b}}=\eta_{HC}$	（5）
	等熵方程	$\frac{T_{2s}}{T_{2b}}=\left(\frac{p_2}{p_{2b}}\right)^{\frac{k-1}{k}}$	补充-2
4	子过程 2—3		
	动量方程	$\frac{p_3}{p_2}=\xi_{2-3}$	（6）
	能量方程	$\frac{T_3-T_2}{T_5-T_2}=\alpha$	（7）
5	子过程 3—4		
	动量方程	$\frac{p_4}{p_3}=\xi_{3-4}$	（8）
6	子过程 4—5		
	能量方程	$\frac{T_4-T_5}{T_4-T_{5s}}=\eta_T$	（9）
	等熵方程	$\frac{T_4}{T_{5s}}=\left(\frac{p_4}{p_5}\right)^{\frac{k-1}{k}}$	补充-3
7	子过程 5—6		
	动量方程	$\frac{p_6}{p_5}=\xi_{5-6}$	（10）
	能量方程	$\frac{T_5-T_6}{T_5-T_2}=\alpha$	（11）
8	子过程 6—1		
	动量方程	$\frac{p_1}{p_6}=\xi_{6-1}$	（12）

表 3-1 的方程中涉及的循环系统的设计参数共 12 个，包括透平压气机组特性和换热流道特性以及工质物性，都是无量纲参数，如表 3-2 的闭式布雷顿循环方程组无量纲参数所示。表 3-2 分为三个部分，表 3-2（1）是压气机和透平参数，共 5 个；表 3-2（2）是换热流道的阻力和换热参数，共 6 个；表 3-2（3）是工质气体的物性参数，共 1 个。

表 3-2 闭式布雷顿循环方程组无量纲参数

序号	参数	符号
（1）压气机和透平参数		
1	低压压气机压缩比	ε_{LC}
2	低压压气机等熵效率	η_{LC}
3	高压压气机压缩比	ε_{HC}
4	高压压气机等熵效率	η_{HC}
5	透平等熵效率	η_{T}
（2）换热流道参数		
6	间冷过程压力恢复系数	ξ_{2a-2b}
7	回热高压侧压力恢复系数	ξ_{2-3}
8	堆芯加热过程压力恢复系数	ξ_{3-4}
9	回热低压侧压力恢复系数	ξ_{5-6}
10	预冷过程压力恢复系数	ξ_{6-1}
11	回热度	α
（3）物性参数		
12	工质气体比热比	k

如前所述，表 3-1 呈现的动量方程和能量方程的形式比较简单，动量方程和能量方程一般表达式中的流动项、扩散项以及源项的影响都集中在表 3-2（1）和表 3-2（2）的 11 个设计参数中。这 11 个设计参数受热力循环的温度、压力和流量的影响，变化机理非常复杂。但是，后续的研究可以说明其变化范围是有限的。因此，表 3-1 的动量方程和能量方程力求形式简洁突出主要特性，同时又具有相当的精度，思路是正确的。

参考第 2 章的表 2-1 闭式布雷顿循环分析的物理和数学模型，在第 3 章的稳态过程分析中，求解表 3-1 的方程组时利用到的表 3-2 的设计参数是常数。在第 4 章的变工况过程分析中，因为透平压气机组转速恒定，表 3-2（1）的压气机和透平参数为常数。在第 5 章的动态过程分析中，因为透平压气机组转速发生变化，表 3-2（1）的压气机和透平参数随转速发生变化。在第 4 章和第 5 章的分析中，对于表 3-2（2）的换热流道参数分为两步走。第一步进行初步计算，假设表 3-2（2）的参数为常数，直接求解表 3-1 的方程组，称之为“常参数循环”；第二步进行精细计算，令表 3-2（2）的参数为温度、压力和流量的函数与表 3-1 的方程组迭代求解，称之为“变参数循环”。结果显示，第一步的初步计算可以显示变工况过程和动态过程的主要特性并具有一定的精度，第二步的精细计算在第一步计算的基础上进一步提高了计算精度。

表 3-2 的 12 个参数代入表 3-1 的 12 个动量方程和能量方程， 再输入 3 个参数（即循环特征点低压压气机入口的温度 T_1 和压力 p_1 以及反应堆出口温度 T_4），可以求得闭式布雷顿循环系统各节点变量的值，如图 3-2 无分流闭式布雷顿循环分析示意图所示。从数学上观察，问题的描述是完整的。

参考表 3-1 的闭式布雷顿循环有量纲方程组，令变量向量 $\boldsymbol{X}$ 为：

$$\boldsymbol{X}=[p_{2a},p_{2b},\cdots,p_6,T_{2a},T_2,\cdots,T_6]^T \tag{3-20}$$

含 12 个元素。12 个守恒方程可以表示为式（3-21）：

$$\begin{cases} f_1(\boldsymbol{X},p_1,T_1,T_4)=0 \\ f_2(\boldsymbol{X},p_1,T_1,T_4)=0 \\ \quad\vdots \\ f_{12}(\boldsymbol{X},p_1,T_1,T_4)=0 \end{cases} \tag{3-21}$$

令守恒方程向量 $\boldsymbol{F}$ 为式（3-22）：

$$\boldsymbol{F}=[f_1,f_2,\cdots,f_{12}]^T \tag{3-22}$$

含 12 个元素。守恒方程组可以表示为式（3-23）：

$$\boldsymbol{F}(\boldsymbol{X},p_1,T_1,T_4)=\boldsymbol{0} \tag{3-23}$$

解向量方程（3-23）得到式（3-24）：

$$\boldsymbol{X}=\boldsymbol{X}(p_1,T_1,T_4) \tag{3-24}$$

理论上自由度是 3 个，但是低压压气机进口温度 T_1 主要由环境温度决定不能自主变化，因此实际自由度是 2 个。

下面可以直接求解表 3-1 的方程组获得各节点变量之值，也可以继续推导探讨核心方程组的意义。

3.3.2 无量纲联立方程组

参见图 3-2 无分流闭式布雷顿循环分析示意图，由于低压压气机入口温度 T_1 的值相对稳定，定义低压压气机入口节点 1 为闭式布雷顿循环的特征点。用节点 1 的压力 p_1 和温度 T_1 除以其余节点的压力 p_i 和温度 T_i 使之变为无量纲的压力 π_i 和温度 τ_i

$$\pi_i=\frac{p_i}{p_1} \qquad i=2a,2b,2,3,4,5,6 \tag{3-25}$$

和

$$\tau_i = \frac{T_i}{T_1} \qquad (3\text{-}26)$$
$$i = 2a, 2b, 2, 3, 4, 5, 6$$

特征点节点 1 的无量纲压力和无量纲温度均为 1，其余 7 个节点的无量纲压力和无量纲温度如式（3-25）和式（3-26）所示。

对表 3-1 闭式布雷顿循环方程组中的 12 个有量纲的动量方程和能量方程进行无量纲变换，推导后得到相对应的 12 个无量纲的动量方程和能量方程，如表 3-3 闭式布雷顿循环无量纲方程组所示。

表 3-3　闭式布雷顿循环无量纲方程组（12 个方程）

子过程编号	方程类型	公式	方程编号
1	子过程 1—2a		
	动量方程	$\pi_{2a} = \varepsilon_{LC}$	（1）
	能量方程	$\dfrac{\tau_{2as} - 1}{\tau_{2a} - 1} = \eta_{LC}$	（2）
	等熵方程	$\tau_{2as} = (\pi_{2a})^{\frac{k-1}{k}}$	补充-1
2	子过程 2a—2b		
	动量方程	$\dfrac{\pi_{2b}}{\pi_{2a}} = \xi_{2a-2b}$	（3）
3	子过程 2b—2		
	动量方程	$\dfrac{\pi_2}{\pi_{2b}} = \varepsilon_{HC}$	（4）
	能量方程	$\dfrac{\tau_{2s} - \tau_{2b}}{\tau_2 - \tau_{2b}} = \eta_{HC}$	（5）
	等熵方程	$\dfrac{\tau_{2s}}{\tau_{2b}} = \left(\dfrac{\pi_2}{\pi_{2b}}\right)^{\frac{k-1}{k}}$	补充-2
4	子过程 2—3		
	动量方程	$\dfrac{\pi_3}{\pi_2} = \xi_{2-3}$	（6）
	能量方程	$\dfrac{\tau_3 - \tau_2}{\tau_5 - \tau_2} = \alpha$	（7）
5	子过程 3—4		
	动量方程	$\dfrac{\pi_4}{\pi_3} = \xi_{3-4}$	（8）
6	子过程 4—5		
	能量方程	$\dfrac{\tau_4 - \tau_5}{\tau_4 - \tau_{5s}} = \eta_T$	（9）

续表

子过程编号	方程类型	公式	方程编号
6	等熵方程	$\frac{\tau_4}{\tau_{5s}}=\left(\frac{\pi_4}{\pi_5}\right)^{\frac{k-1}{k}}$	补充-3
7	子过程 5—6		
	动量方程	$\frac{\pi_6}{\pi_5}=\xi_{5\text{-}6}$	（10）
	能量方程	$\frac{\tau_5-\tau_6}{\tau_5-\tau_2}=\alpha$	（11）
8	子过程 6—1		
	动量方程	$\frac{1}{\pi_6}=\xi_{6\text{-}1}$	（12）

表 3-3 的无量纲的动量方程和能量方程中所涉及的循环系统的设计参数和工质气体的物性参数与有量纲的方程的一样，仍然是表 3-2 中的参数。表 3-3 中的无量纲的动量方程和能量方程是闭式布雷顿循环分析中最核心的方程组，揭示着热力循环最基本的机理和特性。

从数学角度观察表 3-3 闭式布雷顿循环无量纲方程组，令无量纲变量向量 $\boldsymbol{\chi}$ 为式（3-27）：

$$\boldsymbol{\chi}=[\tau_{2a},\tau_2,\cdots,\tau_6,\pi_{2a},\pi_{2b},\cdots,\pi_6]^T \tag{3-27}$$

含 12 个元素。12 个守恒方程可以表示为式（3-28）：

$$\begin{cases}\varphi_1(\boldsymbol{\chi},\tau_4)=0\\ \varphi_2(\boldsymbol{\chi},\tau_4)=0\\ \quad\vdots\\ \varphi_{12}(\boldsymbol{\chi},\tau_4)=0\end{cases} \tag{3-28}$$

令无量纲守恒方程向量 $\boldsymbol{\Phi}$ 为式（3-29）：

$$\boldsymbol{\Phi}=[\varphi_1,\varphi_2,\cdots,\varphi_{12}]^T \tag{3-29}$$

含 12 个元素。无量纲守恒方程可以表示为式（3-30）：

$$\boldsymbol{\Phi}(\boldsymbol{\chi},\tau_4)=\mathbf{0} \tag{3-30}$$

解方程得到式（3-31）：

$$\boldsymbol{\chi}=\boldsymbol{\chi}(\tau_4) \tag{3-31}$$

只有 1 个自由度循环温比 τ_4，即循环最高温度 T_4 和最低温度 T_1 的比值。τ_4 是闭式布雷顿循环分析中最重要的运行和设计参数，其值的大小反映了相对应的卡诺循环的效率 η_{Carnot}：

$$\eta_{\text{Carnot}} = 1 - \frac{1}{\tau_4} \tag{3-32}$$

3.4　基本结果和衍生结果

参考图 3-2 无分流闭式布雷顿循环分析示意图，求解表 3-1 闭式布雷顿循环有量纲方程组可以得到节点的温度 T_i 和压力 p_i，可以视作表 3-1 的方程组的“基本结果”。在求得“基本结果”的基础上，根据式（3-19）求出各子过程的做功量 P_j 或传热量 Q_j，可以视作表 3-1 的方程组的“衍生结果”。有了“基本结果”和“衍生结果”就可以对闭式布雷顿循环进行全面系统的分析计算，如第 2 章的图 2-7 的闭式布雷顿循环分析流程图所示。

3.4.1　基本结果

第 2 章的图 2-7 的闭式布雷顿循环分析流程图展示了闭式布雷顿循环分析计算的基本流程，根据这个思路结合表 3-1 和表 3-3 的闭式布雷顿循环有量纲方程组和无量纲方程组，绘制了无分流闭式布雷顿循环计算流程图，如图 3-6 所示。

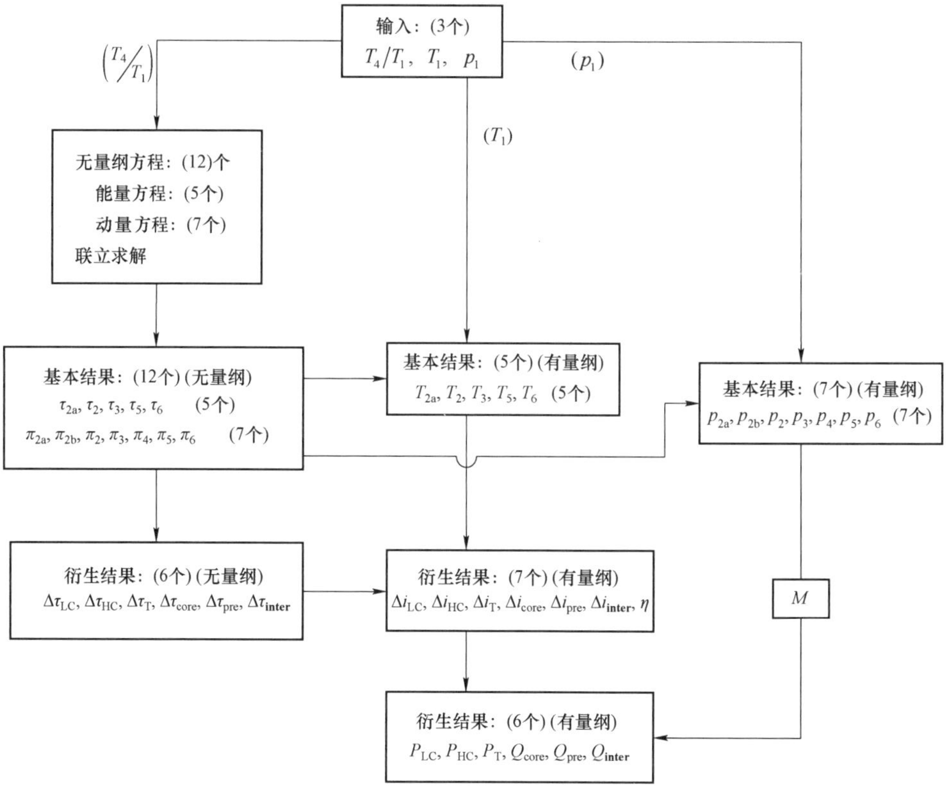

图 3-6　无分流闭式布雷顿循环计算流程图

图 3-6 的无分流闭式布雷顿循环计算流程图中左上角的框图便是表 3-3 的无量纲的动量方程和能量方程，是整个计算流程的核心，输入参数只有 1 个，即循环温比 τ_4 。求解该无量纲方程组可以得到各节点的无量纲压力 π_i 和无量纲温度 τ_i ，见下邻框图。求解得到的具体结果如表 3-4 的闭式布雷顿循环无量纲方程解析解所示。很幸运，方程的解都是解析解。

表 3-4　闭式布雷顿循环无量纲方程解析解

节点	温度	压力
1	$(\tau_1=1)$	$(\pi_1=1)$
2a	$\tau_{2a}=\left(1+\dfrac{\varepsilon_{LC}^{\frac{k-1}{k}}-1}{\eta_{LC}}\right)$	$\pi_{2a}=\varepsilon_{LC}$
2as	$\tau_{2as}=\varepsilon_{LC}^{\frac{k-1}{k}}$	—
2b	$\tau_{2b}=\tau_1$	$\pi_{2b}=\varepsilon_{LC}\xi_{2a-2b}$
2	$\tau_2=\left(1+\dfrac{\varepsilon_{HC}^{\frac{k-1}{k}}-1}{\eta_{HC}}\right)$	$\pi_2=\varepsilon_{LC}\xi_{2a-2b}\varepsilon_{HC}$
2s	$\tau_{2s}=\varepsilon_{HC}^{\frac{k-1}{k}}$	—
3	$\tau_3=\tau_2+\alpha(\tau_5-\tau_2)$	$\pi_3=\varepsilon_{LC}\xi_{2a-2b}\varepsilon_{HC}\xi_{2-3}$
4	(τ_4)	$\pi_4=\varepsilon_{LC}\xi_{2a-2b}\varepsilon_{HC}\xi_{2-3}\xi_{3-4}$
5	$\tau_5=\tau_4\left\{1+\eta_T\left[(\varepsilon_C\xi_t)^{-\left(\frac{k-1}{k}\right)}-1\right]\right\}$	$\pi_5=\dfrac{1}{\xi_{5-6}\xi_{6-1}}$
5s	$\tau_{5s}=\tau_4(\varepsilon_C\xi_t)^{-\left(\frac{k-1}{k}\right)}$	—
6	$\tau_6=\tau_5-\alpha(\tau_5-\tau_2)$	$\pi_6=\dfrac{1}{\xi_{6-1}}$

稳态过程分析计算中，表 3-2 的闭式布雷顿循环方程组无量纲参数为常数与温度和压力无关。仔细观察表 3-4 的方程的解析解，各节点的无量纲压力 π_i 与输入参数无关，各节点的无量纲温度 τ_i 是输入参数循环温比 τ_4 的函数：

$$\tau_i=\tau_i(\tau_4) \tag{3-33}$$

表 3-1 的有量纲的动量方程和能量方程可以直接求解，以获得各节点的有量纲的压力 p_i 和温度 T_i ，也可以通过式（3-25）和式（3-26）来计算，如图 3-6 无分流闭式布雷顿循环计算流程图中无量纲基本结果框图右侧两个框图，两种算法的结果是一样的。图 3-6 展示了有量纲方程组需要 3 个输入参数，即循环最高温度 T_4 、特征点温度 T_1 和特征点压力 p_1 。闭式布雷顿循环有量纲方程解析解如表 3-5 所示。

表 3-5　闭式布雷顿循环有量纲方程解析解

节点	温度	压力
1	（T_1）	（p_1）
2a	$T_{2a}=T_1\tau_{2a}$	$p_{2a}=p_1\pi_{2a}$
2as	$T_{2as}=T_1\tau_{2as}$	—
2b	$T_{2b}=T_1$	$p_{2b}=p_1\pi_{2b}$
2	$T_2=T_1\tau_2$	$p_2=p_1\pi_2$
2s	$T_{2s}=T_1\tau_{2s}$	—
3	$T_3=T_1\tau_3$	$p_3=p_1\pi_3$
4	（T_4）	$p_4=p_1\pi_4$
5	$T_5=T_1\tau_5$	$p_5=p_1\pi_5$
5s	$T_{5s}=T_1\tau_{5s}$	—
6	$T_6=T_1\tau_6$	$p_6=p_1\pi_6$

因为稳态过程分析计算中表 3-2 的闭式布雷顿循环方程组参数为常数与温度和压力无关，同样观察表 3-5 的有量纲方程的解析解，各节点的压力 p_i 是输入参数特征点压力 p_1 的函数：

$$p_i = p_i(p_1) \tag{3-34}$$

各节点的温度 T_i 是输入参数循环最高温度 T_4 和特征点温度 T_1 的函数：

$$T_i = T_i(T_1, T_4) \tag{3-35}$$

以上是闭式布雷顿循环稳态分析的无量纲守恒方程组（表 3-3）和有量纲守恒方程组（表 3-1）的解，也就是第 2 章的图 2-7 的闭式布雷顿循环分析流程图中表示的“基本结果”，在此基础上可以继续求解“衍生结果”。

3.4.2　衍生结果

图 3-6 的无分流闭式布雷顿循环计算流程图把第 2 章的图 2-7 的闭式布雷顿循环分析流程图中“衍生结果”进行了细化。闭式布雷顿循环各子过程的无量纲温差 $\Delta\tau_j$，也就是各子过程的无量纲做功和传热，可以通过表 3-4 的无量纲方程解析解的无量纲温度 τ_i 求得：

$$\Delta\tau_j = \tau_i - \tau_{i+1} \tag{3-36}$$

式中：j 为子过程，i 为节点。

如图 3-6 中左下框图所示，具体表达式如表 3-6 闭式布雷顿循环无量纲做功和传热所示。

表 3-6　闭式布雷顿循环无量纲做功和传热

部件	无量纲做功和传热
低压压气机	$\Delta\tau_{LC}=\tau_{2a}-1$
高压压气机	$\Delta\tau_{HC}=\tau_{2}-1$
透平	$\Delta\tau_{T}=\tau_{4}-\tau_{5}$
堆芯	$\Delta\tau_{core}=\tau_{4}-\tau_{3}$
预冷器	$\Delta\tau_{pre}=\tau_{6}-1$
间冷器	$\Delta\tau_{inter}=\tau_{2a}-1$

表 3-6 中 6 个表达式实际上是 6 个无量纲能量方程，如前所述，每个子过程的能量方程都客观存在，有些参与联立方程求解，有些单独求解，有些两者皆参与。同样，稳态过程分析计算时表 3-2 中的设计参数为常数与温度和压力无关，表 3-6 中的无量纲做功和传热 $\Delta\tau_j$ 是输入参数循环温比 τ_4 的函数：

$$\Delta\tau_j=\Delta\tau_j(\tau_4) \tag{3-37}$$

各子过程的比焓差 Δi_j，也就是单位质量工质的做功和传热，可以通过无量纲温差或有量纲温差两条途径计算：

$$\Delta i_j=c_pT_1\Delta\tau_j \tag{3-38}$$

或

$$\Delta i_j=c_p(T_i-T_{i+1}) \tag{3-39}$$

式中：j 为子过程；i 为节点。

两条计算路径都标注在图 3-6 中，计算结果如表 3-7 闭式布雷顿循环单位工质做功和传热以及输出比功和循环效率所示。

表 3-7　闭式布雷顿循环单位工质做功和传热以及输出比功和循环效率

部件或系统的热工特性	计算公式
低压压气机单位工质做功	$\Delta i_{LC}=c_pT_1\Delta\tau_{LC}$
高压压气机单位工质做功	$\Delta i_{HC}=c_pT_1\Delta\tau_{HC}$
透平单位工质做功	$\Delta i_{T}=c_pT_1\Delta\tau_{T}$
堆芯单位工质传热	$\Delta i_{core}=c_pT_1\Delta\tau_{core}$
预冷器单位工质传热	$\Delta i_{pre}=c_pT_1\Delta\tau_{pre}$
间冷器单位工质传热	$\Delta i_{inter}=c_pT_1\Delta\tau_{inter}$
系统输出比功	$w=\Delta i_{core}-(\Delta i_{pre}+\Delta i_{inter})$
系统循环效率	$\eta=\dfrac{\Delta i_{core}-(\Delta i_{pre}+\Delta i_{inter})}{\Delta i_{core}}$

有了各子过程的比焓差Δi_j，便可以求得闭式布雷顿循环的输出比功w和循环效率η：

$$w = \Delta i_{\text{core}} - (\Delta i_{\text{pre}} + \Delta i_{\text{inter}}) \tag{3-40}$$

和

$$\eta = \frac{\Delta i_{\text{core}} - (\Delta i_{\text{pre}} + \Delta i_{\text{inter}})}{\Delta i_{\text{core}}} \tag{3-41}$$

对于氦气工质比热可以认为是常数，式（3-40）和式（3-41）分别简化为：

$$w = c_p T_1 [\Delta \tau_{\text{core}} - (\Delta \tau_{\text{pre}} + \Delta \tau_{\text{inter}})] \tag{3-42}$$

和

$$\eta = \frac{\Delta \tau_{\text{core}} - (\Delta \tau_{\text{pre}} + \Delta \tau_{\text{inter}})}{\Delta \tau_{\text{core}}} \tag{3-43}$$

稳态过程分析计算时表 3-2 中的设计参数为常数与温度和压力无关，经过分析比焓差Δi_j是输入参数循环最高温度T_4和特征点温度T_1的函数：

$$\Delta i_j = \Delta i_j (T_1, T_4) \tag{3-44}$$

同样，循环效率η也是T_1和T_4的函数：

$$\eta = \eta (T_1, T_4) \tag{3-45}$$

对于氦气工质循环效率η可以表示为式（3-43），此时η只是循环温比τ_4的函数：

$$\eta = \eta (\tau_4) \tag{3-46}$$

各子过程的比焓差Δi_j乘以系统工质充装量M便是总做功量P_j和总传热量Q_j：

$$P_j = M \Delta i_j \tag{3-47}$$

和

$$Q_j = M \Delta i_j \tag{3-48}$$

式中：j为子过程。

如图 3-6 中最下面框图所示，具体表达式如表 3-8 闭式布雷顿循环总做功和传热所示。

表 3-8　闭式布雷顿循环总做功和传热

部件	总做功量和传热量
低压压气机	$P_{\text{LC}} = M \Delta i_{\text{LC}}$
高压压气机	$P_{\text{HC}} = M \Delta i_{\text{HC}}$
透平	$P_{\text{T}} = M \Delta i_{\text{T}}$
堆芯	$Q_{\text{core}} = M \Delta i_{\text{core}}$
预冷器	$Q_{\text{pre}} = M \Delta i_{\text{pre}}$
间冷器	$Q_{\text{inter}} = M \Delta i_{\text{inter}}$

稳态过程分析计算中，表 3-2（1）和表 3-2（2）中的设计参数为常数与温度和压力无关，经过分析，总做功量 P_j 和总传热量 Q_j 是 3 个输入参数的函数，即循环最高温度 T_4、特征点温度 T_1 和特征点压力 p_1：

$$P_j = P_j(T_1, T_4, p_1) \tag{3-49}$$

和

$$Q_j = Q_j(T_1, T_4, p_1) \tag{3-50}$$

第 3.3 节给出了闭式布雷顿循环工质气体的守恒方程，第 3.4 节给出了方程的“基本结果”和“衍生结果”，在此基础上就可以对闭式布雷顿循环稳态过程进行全面系统的分析。需要说明的是第 3.3 节的数学方程组同样适用于闭式布雷顿循环的变工况过程和动态过程的分析，在第 4 章中会加以分析和说明。

3.5 参考算例

下面选择一个参考算例，介绍闭式布雷顿循环稳态方程组的求解过程和热力循环的基本特性。参考算例以高温气冷堆氦气透平循环发电项目为背景进行适当的理想化和简化，高温气冷堆的出口温度为 900 ℃，参考算例的运行条件如表 3-9 所示。

表 3-9 参考算例的运行条件

特征点温度	循环最高温度	特征点压力
$T_1 = 299.15$ K	$T_4 = 1\,173.15$ K	$p_1 = 2.88$ MPa
（$t_1 = 26$ ℃）	（$t_4 = 900$ ℃）	—

根据当前的工业水平选择各部件的设计参数，低压压气机和高压压气机的等熵效率为 0.89，透平的等熵效率略高为 0.90。各换热部件的压力损失是不相同的，这里简化为压力恢复系数相等且均为 0.98。温度在 0 至 1 000 ℃范围，压力在 0.1 至 10 MPa 范围，氦气的比定压热容 c_p 和比定容热容 c_v 的变化在千分之几，因此，c_p 和 c_v 取常数，分别为 5 198 J/kgK 和 3 121 J/kgK 。参考算例的设备参数和物性参数见表 3-10。

表 3-10 参考算例的设备参数和物性参数

低压压气机压缩比	低压压气机等熵效率	高压压气机压缩比	高压压气机等熵效率
ε_{LC}	η_{LC}	ε_{HC}	η_{HC}
1.58	0.89	1.58	0.89
透平 等熵效率	回热度	间冷过程 压力恢复系数	回热高压侧 压力恢复系数

续表

低压压气机压缩比	低压压气机等熵效率	高压压气机压缩比	高压压气机等熵效率
η_T	α	ξ_{2a-2b}	ξ_{2-3}
0.90	0.95	0.98	0.98
堆芯加热过程压力恢复系数	回热低压侧压力恢复系数	预冷过程压力恢复系数	工质气体比热比
ξ_{3-4}	ξ_{5-6}	ξ_{6-1}	k
0.98	0.98	0.98	1.665

注：工质气体氦气比定压热容 c_p 为 5 198 J/（kg・K）。

首先求解表 3-3 的闭式布雷顿循环无量纲方程组，输入参数为循环温比 τ_4，根据表 3-9 计算其值为 3.92。方程组的解可以直接使用表 3-4 的无量纲方程解析解，计算结果如表 3-11 参考算例的无量纲方程求解结果所示。

表 3-11　参考算例的无量纲方程求解结果

节点的无量纲变量					
节点	τ_i	π_i	节点	τ_i	π_i
1	1	1	3	2.86	2.40
2a	1.23	1.58	4	3.92	2.35
2as	1.20	—	5	2.94	1.04
2b	1.00	1.55	5s	2.83	—
2	1.23	2.45	6	1.31	1.02
2s	1.20	—			

参考算例的有量纲方程组如表 3-1 闭式布雷顿循环有量纲方程组所示，需要 3 个输入参数如表 3-9 参考算例的运行条件所示，运用表 3-5 的有量纲方程解析解的公式求解，结果如表 3-12 的参考算例有量纲方程求解结果和图 3-7 参考算例的温度分布和压力分布所示。

表 3-12　参考算例的有量纲方程求解结果

节点变量					
节点	T_i /K	p_i /MPa	节点	T_i /K	p_i /MPa
1	299	2.88	3	854	6.90
2a	367	4.55	4	1173	6.77
2as	359	—	5	880	3.00
2b	299	4.46	5s	848	—
2	367	7.05	6	392	2.94
2s	359	—	—	—	—

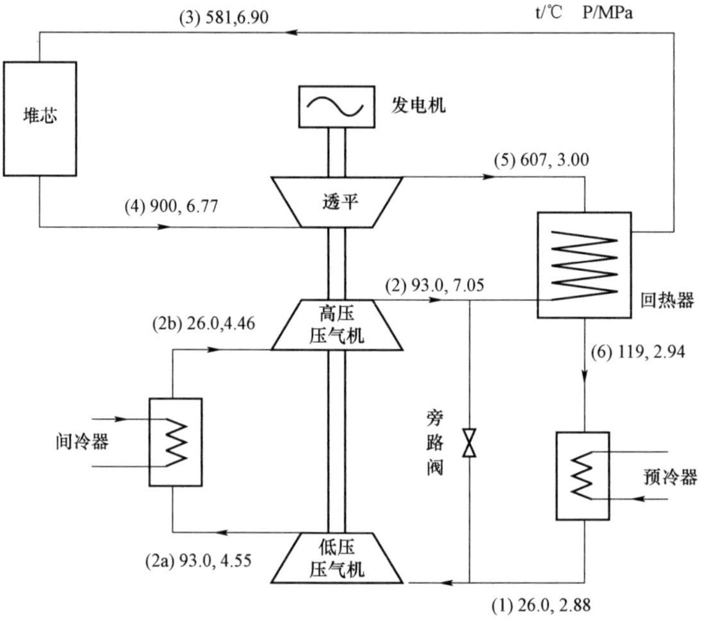

图 3-7　参考算例的温度分布和压力分布

因为氦气工质可以认为是理想气体，各节点的熵增 ΔS_i 为：

$$\Delta S_i = c_p \ln\frac{T_i}{T_0} - \left(c_p - \frac{c_p}{k}\right)\ln\frac{p_i}{p_0} \quad (i = 1, 2a, 2b, 2, \cdots, 6) \tag{3-51}$$

式中：熵增零点设定为 $T_0 = 273.15$ K；$p_0 = 0.1$ MPa。

参考算例的温熵图如图 3-8 所示。

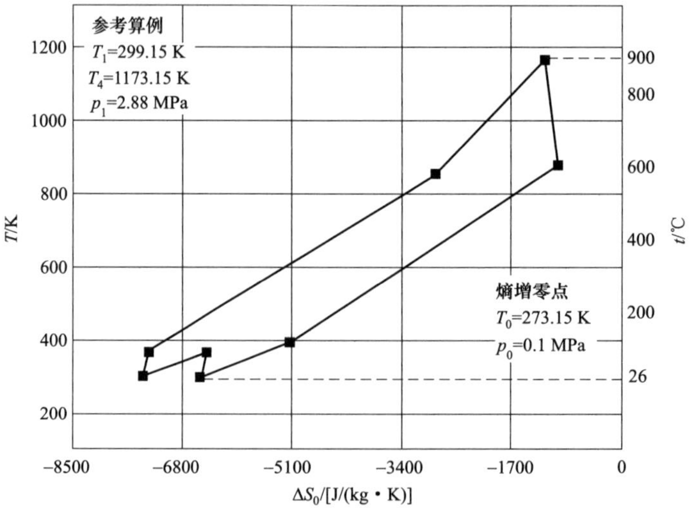

图 3-8　参考算例的温熵图

表 3-11 和表 3-12 呈现的是参考算例的“基本结果”结果，在此基础上可以继续求

解参考算例的“衍生结果”。根据表 3-6 中的公式可以求得各子过程无量纲做功和传热结果，如表 3-13 参考算例的无量纲做功和传热所示。

表 3-13 参考算例的无量纲做功和传热

堆芯	预冷器	间冷器	低压压气机	高压压气机	透平
$\Delta\tau_{core}$	$\Delta\tau_{pre}$	$\Delta\tau_{inter}$	$\Delta\tau_{LC}$	$\Delta\tau_{HC}$	$\Delta\tau_{T}$
1.065	0.311	0.225	0.225	0.225	0.979

根据表 3-7 中的公式可以求出各子过程的单位工质做功和传热，如表 3-14 参考算例的单位工质做功和传热所示。

表 3-14 参考算例的单位工质做功和传热/（MJ/kg）

堆芯	预冷器	间冷器	低压压气机	高压压气机	透平
Δi_{core}	Δi_{pre}	Δi_{inter}	Δi_{LC}	Δi_{HC}	Δi_{T}
1.657	0.484	0.350	0.350	0.350	1.523

在表 3-14 的基础上，可以求得参考算例的输出比功 w 和循环效率 η，如表 3-15 所示。

表 3-15 参考算例的输出比功和循环效率

输出比功	循环效率
w /（MJ/kg）	η /%
0.823	49.7

本书以下章节的计算分析将以这个参考算例为基点展开。

3.6 三个输入参数 T_1、T_4 和 p_1

参考图 3-2 无分流闭式布雷顿循环分析示意图和式（3-24），循环分析需要输入 3 个参数，即循环最高温度 T_4、循环最低温度 T_1 和循环最低压力 p_1，这 3 个参数在设计阶段是设计参数，在运行阶段则是运行参数。这里先把这 3 个参数作为设计参数进行考察分析，后面章节再把这 3 个参数作为运行参数进行考察分析。

上述 3 个输入参数也可以从另一个角度进行分类。循环最高温度 T_4 与循环最低温度 T_1 的比值循环温比 τ_4 是循环分析中最重要的参数，低压压气机入口节点 1 的温度相对稳定，定义节点 1 为循环的特征点，则节点 1 的温度 T_1 为特征温度，压力 p_1 为特征压力。下面分别对循环温比 τ_4、特征点温度 T_1 和特征点压力 p_1 在循环中的作用进行观察分析。

3.6.1 循环温比τ_4（$=T_4/T_1$）

在不同的循环温比τ_4的条件下，求解表 3-3 的闭式布雷顿循环无量纲方程组，得到各节点的无量纲温度τ_i分布和无量纲压力π_i分布。当循环温比τ_4等于 3.92（t_4=900 ℃）时，各节点无量纲的温度τ_i和无量纲的压力π_i与表 3-11 的参考算例的结果一致。当τ_4升高时，节点 1 至节点 2 的τ_i保持不变，节点 3 至节点 6 的τ_i上升，但是所有节点的π_i保持不变。运用式（3-25）和式（3-26）可以计算出相应节点上的有量纲温度T_i和压力p_i，与无量纲结果的变化趋势相同。各节点无量纲温度τ_i和有量纲温度T_i的变化如表 3-16 循环温比τ_4对节点温度的影响所示，热力循环温熵图如图 3-9 不同循环温比τ_4的循环温熵图所示。

表 3-16 循环温比τ_4对节点温度的影响

节点	$\tau_4=3.92$		$\tau_4=4.59$		$\tau_4=5.26$	
	τ_i	T_i/K	τ_i	T_i/K	τ_i	T_i/K
1	1	299	1	299	1	299
2a	1.23	367	1.23	367	1.23	367
2b	1	299	1	299	1	299
2	1.23	367	1.23	367	1.23	367
3	2.86	854	3.33	997	3.81	1 140
4	3.92	1 173	4.59	1 373	5.26	1 573
5	2.94	880	3.44	1 030	3.95	1 180
6	1.31	392	1.34	400	1.36	407

*注：$T_1=299.15$ K（$t_1=26$ ℃）。

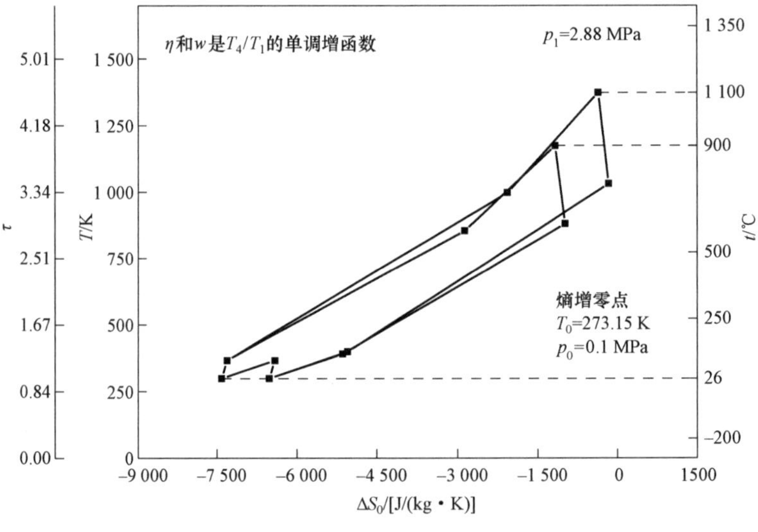

图 3-9 不同循环温比τ_4的循环温熵图

图 3-9 中，随着循环温比τ_4的提高，热力循环的面积增大意味着输出比功w增大，

特别是高温部分面积增大意味着循环效率 η 增大。

对表 3-7 中的单位工质做功和传热公式进一步推导，输出比功 w 可以表达为：

$$w=c_pT_1\tau_4\left\{\eta_{\mathrm{T}}\left(1-\pi_{\mathrm{T}}^{-\left(\frac{k-1}{k}\right)}\right)-\tau_4^{-1}\left[\eta_{\mathrm{LC}}^{-1}\left(\varepsilon_{\mathrm{LC}}^{\frac{k-1}{k}}-1\right)+\eta_{\mathrm{HC}}^{-1}\left(\varepsilon_{\mathrm{HC}}^{\frac{k-1}{k}}-1\right)\right]\right\} \tag{3-52}$$

循环效率 η 可以表达为：

$$\eta=\frac{\eta_{\mathrm{T}}\left(1-\pi_{\mathrm{T}}^{-\left(\frac{k-1}{k}\right)}\right)-\tau_4^{-1}\left[\eta_{\mathrm{LC}}^{-1}\left(\varepsilon_{\mathrm{LC}}^{\frac{k-1}{k}}-1\right)+\eta_{\mathrm{HC}}^{-1}\left(\varepsilon_{\mathrm{HC}}^{\frac{k-1}{k}}-1\right)\right]}{1-\alpha\left[1-\eta_{\mathrm{T}}\left(1-\pi_{\mathrm{T}}^{-\left(\frac{k-1}{k}\right)}\right)\right]-(1-\alpha)\tau_4^{-1}\left[\eta_{\mathrm{HC}}^{-1}\left(\varepsilon_{\mathrm{HC}}^{\frac{k-1}{k}}-1\right)+1\right]} \tag{3-53}$$

式中：膨胀比 π_{T} 定义为 p_4/p_5。

输出比功 w 和循环效率 η 均为循环温比 τ_4 的单调增函数，如表 3-17 和图 3-10 循环温比 τ_4 对输出比功和循环效率的影响所示。

表 3-17　循环温比 τ_4 对输出比功和循环效率的影响

循环温比	最高温度	循环效率	输出比功
τ_4	T_4 / K	η /%	w /（MJ/kg）
3.92	1 173	49.7	0.823
4.59	1 373	55.4	1.082
5.26	1 573	59.5	1.342

*注：$T_1=299.15$ K（$t_1=26$ ℃）。

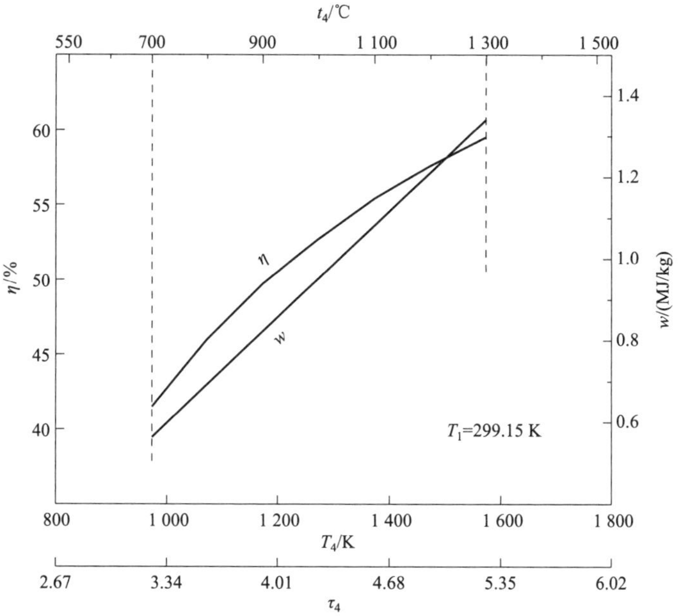

图 3-10　循环温比 τ_4 对输出比功和循环效率的影响

实际工程项目中，闭式布雷顿循环的最低温度 T_1 主要是由预冷器和间冷器的水侧温度决定的，其值变化不大。在 T_1 一定的情况下输出比功 w 与循环温比 τ_4 呈线性关系。

3.6.2 特征点温度 T_1

特征点温度 T_1 为循环最低温度，在地面运行的高温气冷堆氦气透平循环发电系统中，T_1 主要由冷却水温度决定变化不大；在空间运行的核动力气体透平循环发电系统中，T_1 主要受散热板面积控制设计值有一定的变化范围。

当循环温比 τ_4 等于 3.92 时，求解表 3-3 的闭式布雷顿循环无量纲方程组，各节点无量纲的温度 τ_i 和压力 π_i 与表 3-11 的参考算例无量纲方程求解结果一致。在 τ_i 和 π_i 一定的情况下，根据式（3-25）和式（3-26），各节点有量纲压力 p_i 与特征点温度 T_1 无关，有量纲温度 T_i 与 T_1 成正比关系，结果如表 3-18 特征点温度 T_1 对节点温度的影响所示。

表 3-18 特征点温度 T_1 对节点温度的影响

t_1（℃）	26	150	200
节点	T_i /K	T_i /K	T_i /K
1	299	423	473
2a	367	518	580
2b	299	423	473
2	367	518	580
3	854	1 209	1 351
4	1 173	1 659	1 856
5	880	1 245	1 392
6	392	555	620

其热力循环温熵图如图 3-11 不同特征点温度 T_1 的循环温熵图所示，随着特征点温度 T_1 的提高，循环图形保持不变整体向右上方平移。

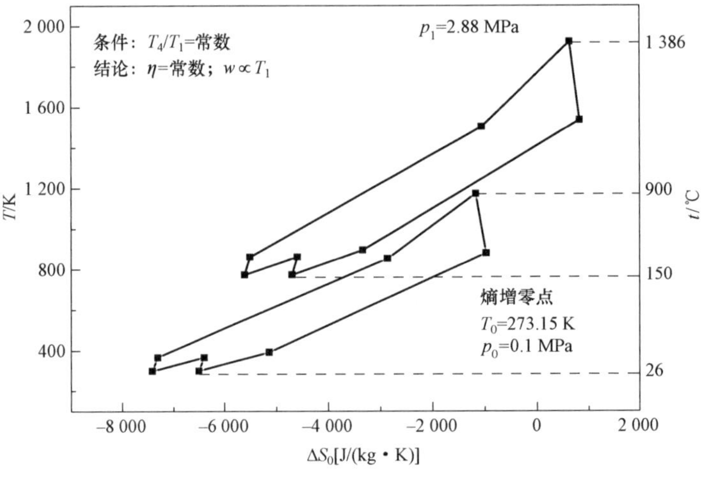

图 3-11 不同特征点温度 T_1 的循环温熵图

根据式（3-52）和式（3-53），输出比功 w 与特征点温度 T_1 成正比，循环效率 η 与 T_1

无关保持为常数，其结果如表 3-19 和图 3-12 特征点温度 T_1 对输出比功和循环效率的影响所示。

表 3-19　特征点温度 T_1 对输出比功和循环效率的影响

特征点温度	特征点温度	循环效率	输出比功
t_1 /℃	T_1 /K	η /%	w /（MJ/kg）
26	299	49.7	0.823
150	423	49.7	1.164
200	473	49.7	1.301

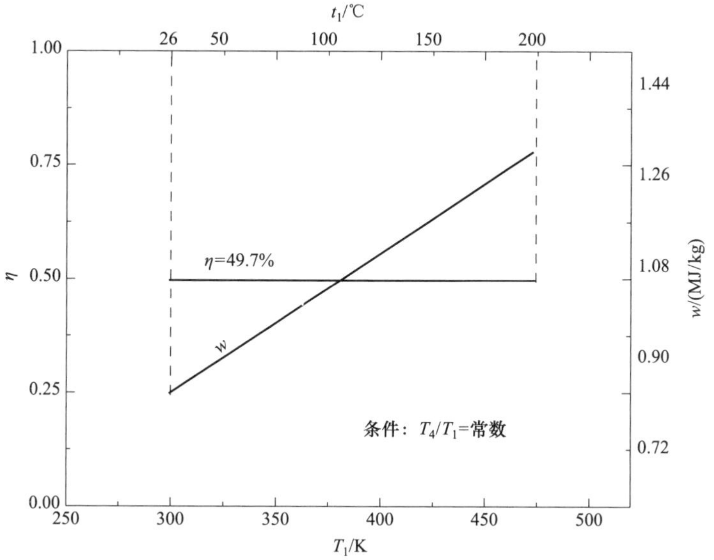

图 3-12　特征点温度 T_1 对输出比功和循环效率的影响

3.6.3　特征点压力 p_1

特征点压力 p_1 为循环最低压力，是循环系统内工质充装量 M 的标志。当循环温比 τ_4 等于 3.92（t_4 =900 ℃）时，求解表 3-3 的闭式布雷顿循环无量纲方程组，各节点无量纲的温度 τ_i 和压力 π_i 与表 3-11 的参考算例无量纲方程求解结果一致。在 τ_i 和 π_i 一定的情况下，根据式（3-25）和式（3-26），各节点有量纲温度 T_i 与特征点压力 p_1 无关，有量纲压力 p_i 与 p_1 成正比，结果如表 3-20 特征点压力 p_1 对节点压力的影响所示。

表 3-20　特征点压力 p_1 对节点压力 p_i 的影响

节点	p_i /MPa	p_i /MPa	p_i /MPa
1	0.86	1.44	2.88
2a	1.37	2.28	4.55
2b	1.34	2.23	4.46

续表

节点	p_i /MPa	p_i /MPa	p_i /MPa
2	2.11	3.52	7.05
3	2.07	3.45	6.90
4	2.03	3.38	6.77
5	0.90	1.50	3.00
6	0.88	1.47	2.94

其热力循环的温熵图如图 3-13 不同特征点压力 p_1 的循环温熵图所示，随着特征点压力 p_1 的下降，循环图形保持不变整体向右平移。两个热力循环图形虽然相等，但右侧循环系统的工质气体充装量要小于左侧循环系统的工质气体充装量。

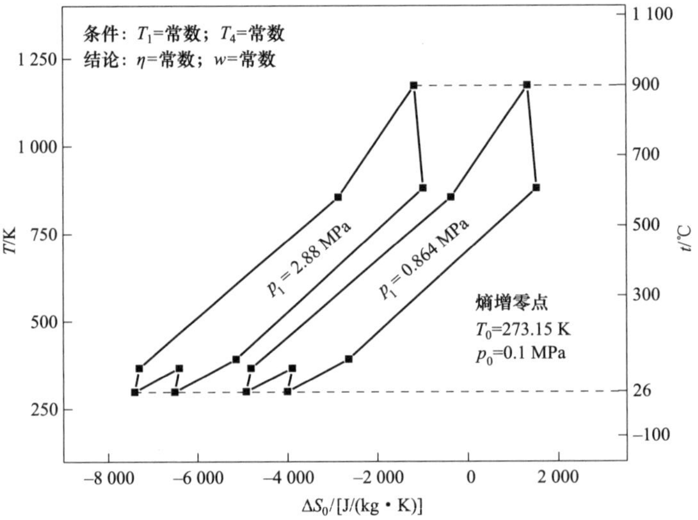

图 3-13　不同特征点压力 p_1 的循环温熵图

根据式（3-52）和式（3-53），输出比功 w 和循环效率 η 均与特征压力 p_1 无关保持为常数，如图 3-14 特征点压力 p_1 对输出比功和循环效率的影响所示。

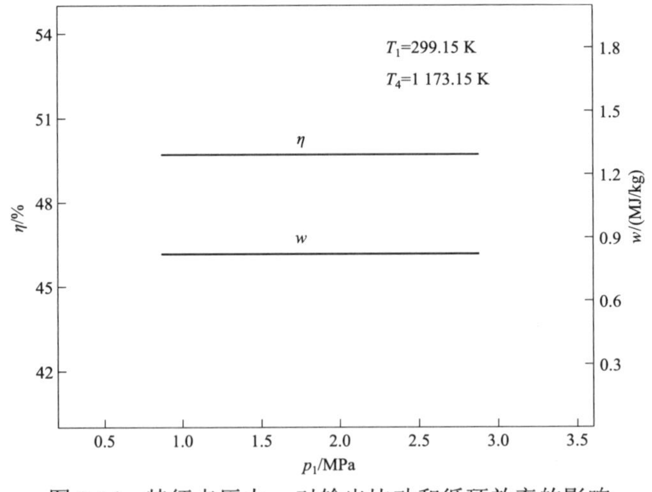

图 3-14　特征点压力 p_1 对输出比功和循环效率的影响

本章节所讨论的 3 个输入参数对闭式布雷顿循环特性的影响如表 3-21 三个输入参数 τ_4、T_1 和 p_1 的影响所示。

表 3-21　三个输入参数 τ_4、T_1 和 p_1 的影响

变量	循环温比 τ_4	特征点温度 T_1	特征点压力 p_1
温比 τ_i 的分布	变化	无关	无关
温度 T_i 的分布	变化	与 T_1 成正比	无关
压比 π_i 的分布	无关	无关	无关
压力 p_i 的分布	无关	无关	与 p_1 成正比
循环效率 η	单调增	无关	无关
输出比功 w	单调增	与 T_1 成正比	无关

3.7　压气机透平设计参数

表 3-2 闭式布雷顿循环方程组参数有 3 组，表 3-2（1）压气机和透平参数，含有 5 个设计参数，低压压气机压缩比 $\varepsilon_{\mathrm{LC}}$ 和高压压气机压缩比 $\varepsilon_{\mathrm{HC}}$，相对应的等熵效率 η_{LC} 和 η_{HC}，以及透平等熵效率 η_{T}；表 3-2（2）换热流道参数，含有 5 个阻力设计参数，间冷器、回热器高压侧、反应堆堆芯、回热器低压侧和预冷器流道的压力恢复系数，$\xi_{\mathrm{2a-2b}}$、ξ_{2-3}、ξ_{3-4}、ξ_{5-6} 和 ξ_{6-1}，还有 1 个换热设计参数，回热器的回热度 α；表 3-2（3）物性参数，含有 1 个比热比 k。高温气冷堆氦气透平发电系统在不同工况下，这 3 组设计参数的特性和影响是不同的，在下面章节的分析中会加以说明。

3.7.1　压气机和涡轮设计参数的关系

闭式布雷顿循环的压力差由低压压气机和高压压气机两级压缩提供。根据工程热力学原理[1]，多级压缩的优化设计中，各子级的压缩比和等熵效率应该相等，即：

$$\varepsilon_{\mathrm{LC}} = \varepsilon_{\mathrm{HC}} \tag{3-54}$$

$$\eta_{\mathrm{LC}} = \eta_{\mathrm{HC}} \tag{3-55}$$

令压气机总压比 ε_C 为低压压气机压缩比 $\varepsilon_{\mathrm{LC}}$ 和高压压气机压缩比 $\varepsilon_{\mathrm{HC}}$ 之积：

$$\varepsilon_C = \varepsilon_{\mathrm{LC}} \cdot \varepsilon_{\mathrm{HC}} \tag{3-56}$$

此时，两个压气机在热力循环中的压力升贡献 p_2 / p_1 为：

$$\frac{p_2}{p_1} = \varepsilon_C \xi_{\mathrm{2a-2b}} \tag{3-57}$$

式中：$\xi_{\mathrm{2a-2b}}$ 为间冷器的压力恢复系数。

也就是说低压压气机和高压压气机产生的总压头经间冷器流道消耗一部分后才是对整个循环的压力升贡献。

令压气机等熵效率 η_{C} 为低压压气机等熵效率 η_{LC} 或高压压气机等熵效率 η_{HC}：

$$\eta_{C}=\eta_{LC}=\eta_{HC} \tag{3-58}$$

因此，闭式布雷顿循环分析中压气机特性可以用 ε_{C} 和 η_{C} 两个参数表示。

为了描述透平特性参数，先定义热力循环回路总压力恢复系数 ξ_{t} 为 5 个子过程压力恢复系数的乘积：

$$\xi_{t}=\xi_{2a-2b}\xi_{2-3}\xi_{3-4}\xi_{5-6}\xi_{6-1} \tag{3-59}$$

则透平的膨胀比 π_{T} 为：

$$\pi_{T}=\varepsilon_{C}\xi_{t} \tag{3-60}$$

热力循环中透平特性可以用 π_{T} 和透平等熵效率 η_{T} 两个参数表示。

在热力循环分析中，压气机通过 ε_{C} 和 η_{C} 两个参数影响循环特性，透平通过 π_{T} 和 η_{T} 两个参数影响循环特性。由式（3-60）可知，π_{T} 不是独立的，主要由 ε_{C} 来决定的。因此，压气机和透平对热力循环特性的影响由 3 个参数决定，压气机总压比 ε_{C} 和等熵效率 η_{C}，以及透平等熵效率 η_{T}。

3.7.2 回热循环的条件

观察第 2 章的图 2-2 闭式布雷顿循环温熵图，如果压气机总压缩比 ε_{C} 增大，出口温度 T_{2} 也相应增大。同时透平的膨胀比 π_{T} 增大，出口温度 T_{5} 也相应降低。当 T_{5} 大于 T_{2} 时，可以利用透平尾气的余热，在循环回路中加装回热器以提高循环效率。当 T_{5} 小于 T_{2} 时，不能利用透平尾气的余热，也就不能加装回热器。关键温度的关系是式（3-61）：

$$T_{5}=T_{2} \tag{3-61}$$

无量纲化：

$$\tau_{5}=\tau_{2} \tag{3-62}$$

根据表 3-4 的无量纲方程解析解，式（3-62）可以表达为式（3-63）：

$$\tau_{4}\left\{1+\eta_{T}\left[(\varepsilon_{C}\xi_{t})^{-\left(\frac{k-1}{k}\right)}-1\right]\right\}=1+\frac{\varepsilon_{C}^{\frac{k-1}{2k}}-1}{\eta_{C}} \tag{3-63}$$

式（3-63）是关于闭式布雷顿循环有回热过程和无回热过程分界点的方程，与压气机和透平的特性参数 ε_{C}、η_{C} 和 η_{T} 有关。

表 3-22 有回热和无回热分界点是方程（3-63）的解，有回热和无回热分界点的压气机总压比 $\varepsilon_{C,critical}$ 在反应堆出口温度 t_{4} 为 900 ℃时为 12.42，在 1 100 ℃时为 16.83，在 1 300 ℃时为 21.98。这个数值是比较大的，目前工业界设计研制的氦气透平压气机组

的压缩比都远小于这些数值。一般情况下，我们所涉及的氦气闭式布雷顿循环的压缩比都在可利用回热过程的区域。

表 3-22　有回热和无回热分界点

循环最高温度 t_4 /℃	循环温比 τ_4	分界点总压比 $\varepsilon_{C,critical}$
900	3.922	12.42
1 100	4.590	16.83
1 300	5.259	21.98

*注：$t_1 = 26$ ℃，$\eta_C = 0.89$，$\eta_T = 0.90$。

方程（3-63）更详细的解如图 3-15 有回热和无回热分界点所示。有回热和无回热分界点的总压比 $\varepsilon_{C,critical}$ 随循环温比 τ_4 的增大而增大，将该图划分为两个区域，大于 $\varepsilon_{C,critical}$ 为无回热区域，无法利用回热过程；小于 $\varepsilon_{C,critical}$ 为有回热区域，可以利用回热过程。另外，分界点的总压比 $\varepsilon_{C,critical}$ 随着压气机等熵效率 η_C 和透平等熵效率 η_T 的提高而降低。

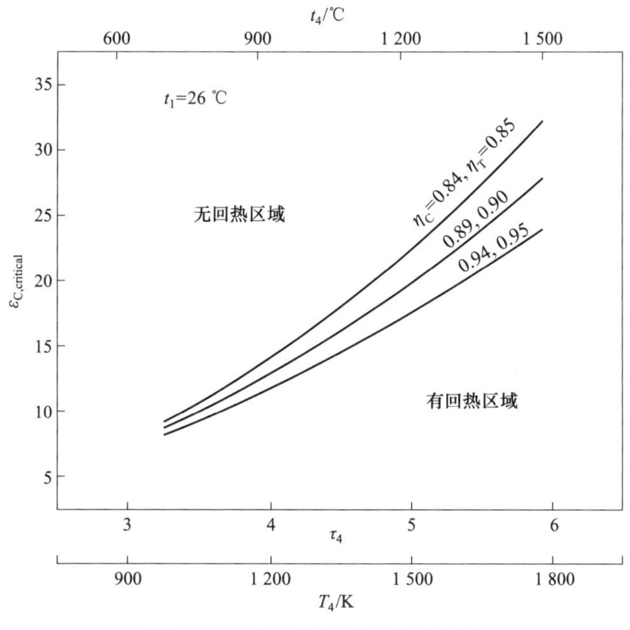

图 3-15　有回热和无回热分界点

3.7.3　输出比功和循环效率特点

闭式布雷顿循环输出比功如式（3-52）所示，进一步推导得到：

$$w = c_p T_1 \tau_4 \left\{ \eta_T \left(1 - (\varepsilon_C \xi_t)^{-\left(\frac{k-1}{k}\right)} \right) - 2\tau_4^{-1} \eta_C^{-1} \left(\varepsilon_C^{\frac{k-1}{2k}} - 1 \right) \right\} \tag{3-64}$$

根据式（3-64），输出比功 w 与压气机总压比 ε_C 的关系如图 3-16 所示，w 随着 ε_C 的增加先增大后减小存在一个优化点，并且 w 整体随着循环温比 τ_4 的增大而增大。输出比功的极大值 w_{max} 和对应的总压比 $\varepsilon_{C,opt1}$ 都随着循环温比 τ_4 的增加而增加，其数值如表 3-23 输出比功极大值所示。

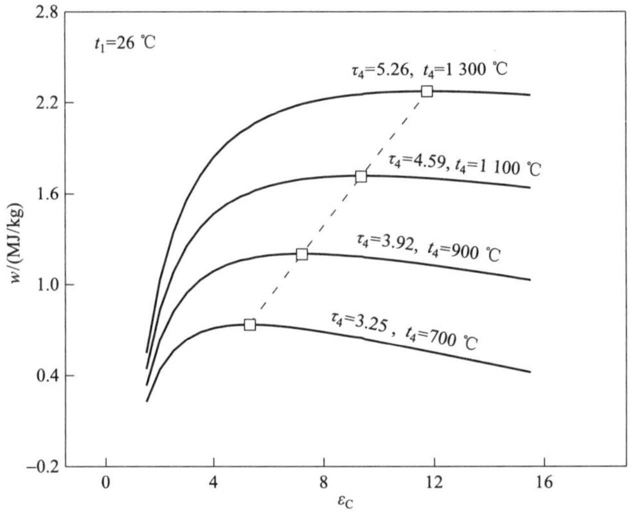

图 3-16　输出比功与压气机总压比的关系

表 3-23　输出比功极大值

t_4/℃	τ_4	$\varepsilon_{C,opt1}$	w_{max} /（MJ/kg）
700	3.25	5.29	0.737
900	3.92	7.22	1.202
1 100	4.59	9.39	1.719
1 300	5.26	11.78	2.274

*注：$t_1 = 26$ ℃，$\eta_C = 0.89$，$\eta_T = 0.90$。

闭式布雷顿循环的循环效率如式（3-53）所示，进一步推导得到

$$\eta = \frac{\eta_T\left(1-(\varepsilon_C\xi_t)^{-\left(\frac{k-1}{k}\right)}\right)-2\tau_4^{-1}\eta_C^{-1}\left(\varepsilon_C^{\frac{k-1}{2k}}-1\right)}{1-\alpha\left[1-\eta_T\left(1-(\varepsilon_C\xi_t)^{-\left(\frac{k-1}{k}\right)}\right)\right]-(1-\alpha)\tau_4^{-1}\left[\eta_C^{-1}\left(\varepsilon_C^{\frac{k-1}{2k}}-1\right)+1\right]} \tag{3-65}$$

根据式（3-65），循环效率 η 与压气机总压比 ε_C 的关系如图 3-17 所示，η 随着 ε_C 的增加先增大后减小存在一个优化点，并且 η 整体随着循环温比 τ_4 的增大而增大。循环效率的极大值 η_{max} 和对应的总压比 $\varepsilon_{C,opt2}$ 都随着循环温比 τ_4 的增加而增加，其数值如表 3-24 循环效率极大值所示。比较表 3-23 和表 3-24 的数值可以发现，输出比功极大值所对应的总压比 $\varepsilon_{C,opt1}$ 与循环效率极大值所对应的总压比 $\varepsilon_{C,opt2}$ 相差较大，前者比后者大很多。

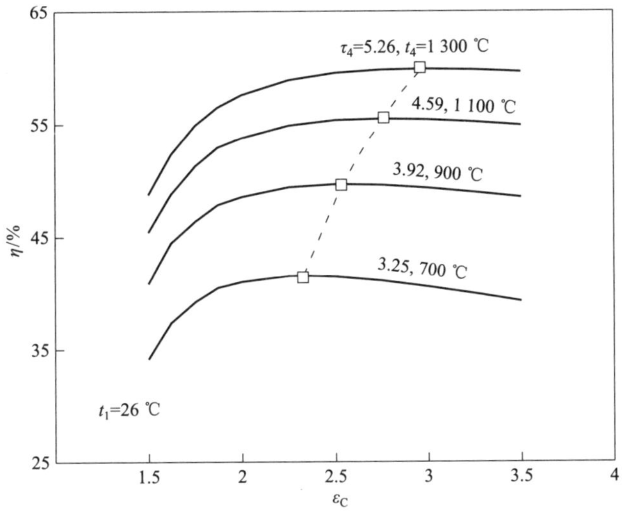

图 3-17　循环效率与压气机总压比的关系

表 3-24　循环效率极大值

t_4 /℃	τ_4	$\varepsilon_{C,opt2}$	η_{max} /%
700	3.25	2.33	41.5
900	3.92	2.54	49.7
1 100	4.59	2.76	55.5
1 300	5.26	2.97	59.9

*注：$t_1 = 26$ ℃，$\eta_C = 0.89$，$\eta_T = 0.90$。

根据公式（3-64），输出比功 w 与压气机等熵效率 η_C 和透平等熵效率 η_T 的关系如图 3-18 所示，w 随着 η_C 和 η_T 的增大而增大，且极大值所对应的压气机总压比 $\varepsilon_{C,opt1}$ 也随之增大。

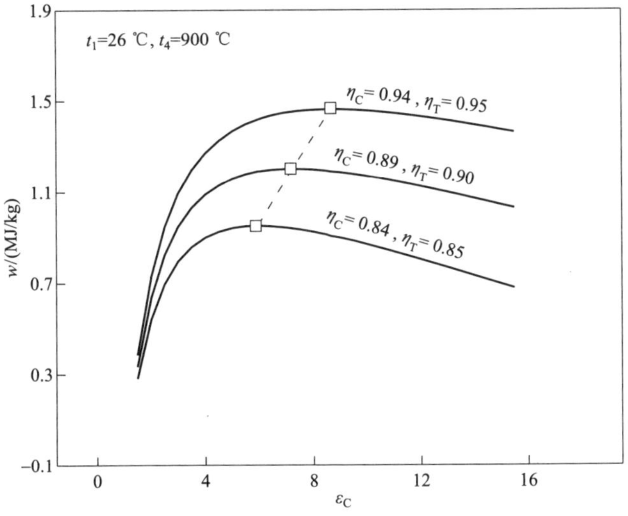

图 3-18　输出比功与压气机等熵效率和透平等熵效率的关系

同理，根据公式（3-65），循环效率η与压气机等熵效率η_C和透平等熵效率η_T的关系如图 3-19 所示，η随着η_C和η_T的增大而增大，且极大值所对应的压气机总压比$\varepsilon_{C,opt2}$也随之增大。

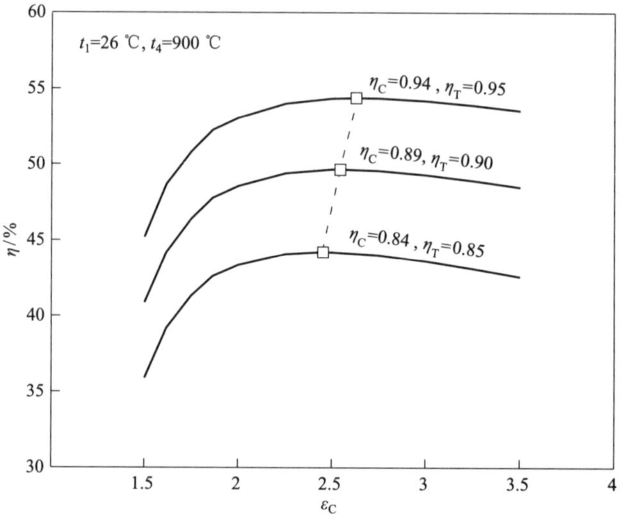

图 3-19　循环效率与压气机等熵效率和透平等熵效率的关系

3.7.4　输出比功和循环效率极值点

图 3-16 至图 3-19 可以看出，输出比功w和循环效率η与压气机总压比ε_C的关系不是单调的，分别存在极大值。对式（3-64）和式（3-65）分别求导，可以求得各自的极值点。

对式（3-64）求偏导：

$$\frac{\partial w}{\partial \varepsilon_C}=c_pT_1\tau_4\{\eta_T\varphi_1\xi_t^{-\varphi_1}\varepsilon_C^{-\varphi_1-1}-2\tau_4^{-1}\eta_C^{-1}\varphi_2\varepsilon_C^{\varphi_2-1}\} \tag{3-66}$$

式中：

$$\varphi_1=\frac{k-1}{k} \tag{3-67}$$

$$\varphi_2=\frac{k-1}{2k} \tag{3-68}$$

令$\frac{\partial w}{\partial \varepsilon_C}=0$，得到：

$$\eta_T\varphi_1\xi_t^{-\varphi_1}\varepsilon_C^{-\varphi_1-1}-2\tau_4^{-1}\eta_C^{-1}\varphi_2\varepsilon_C^{\varphi_2-1}=0 \tag{3-69}$$

求解方程（3-69）可以得到输出比功极值点的压气机总压比$\varepsilon_{C,opt1}$：

$$\varepsilon_{C,opt1}=\left(\frac{2\varphi_2}{\tau_4\eta_C\eta_T\varphi_1\xi_t^{-\varphi_1}}\right)^{-\left(\frac{1}{\varphi_1+\varphi_2}\right)} \tag{3-70}$$

根据式（3-70），输出比功极值点的压气机总压比 $\varepsilon_{C,opt1}$ 与压气机等熵效率 η_C 和透平等熵效率 η_T 以及循环温比 τ_4 的关系如图 3-20 输出比功极大值点所示。$\varepsilon_{C,opt1}$ 随着 τ_4 的增大而增大，并随着 η_C 和 η_T 的增大而增大，图 3-20 的结果包含表 3-23 的结果。

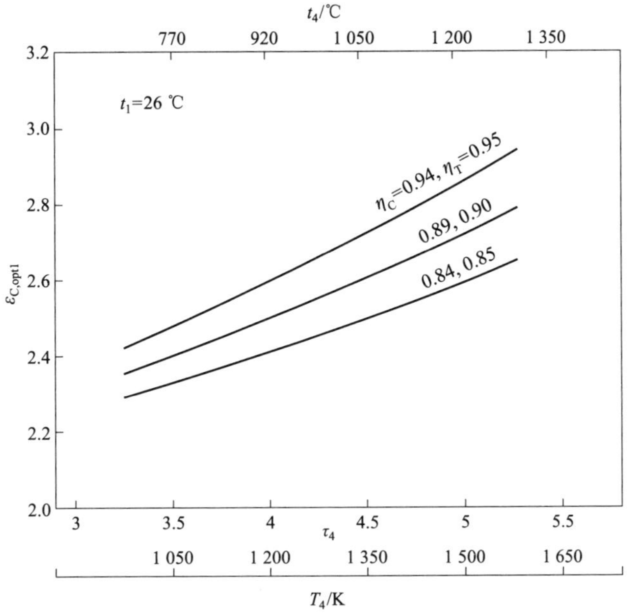

图 3-20　输出比功极大值点

对式（3-65）求偏导比较复杂，令式（3-65）分子部分为 ww：

$$ww=\eta_T\left(1-(\varepsilon_C\xi_t)^{-\left(\frac{k-1}{k}\right)}\right)-2\tau_4^{-1}\eta_C^{-1}\left(\varepsilon_C^{\frac{k-1}{2k}}-1\right) \tag{3-71}$$

分母部分为 qq：

$$qq=1-\alpha\left[1-\eta_T\left(1-(\varepsilon_C\xi_t)^{-\left(\frac{k-1}{k}\right)}\right)\right]-(1-\alpha)\tau_4^{-1}\left[\eta_C^{-1}\left(\varepsilon_C^{\frac{k-1}{2k}}-1\right)+1\right] \tag{3-72}$$

分别对式（3-71）和式（3-72）求偏导得到：

$$\frac{\partial(ww)}{\partial\varepsilon_C}=\eta_T\varphi_1\xi_t^{-\varphi_1}\varepsilon_C^{-\varphi_1-1}-2\tau_4^{-1}\eta_C^{-1}\varphi_2\varepsilon_C^{\varphi_2-1} \tag{3-73}$$

$$\frac{\partial(qq)}{\partial\varepsilon_C}=\alpha\eta_T\varphi_1\xi_t^{-\varphi_1}\varepsilon_C^{-\varphi_1-1}-(1-\alpha)\tau_4^{-1}\eta_C^{-1}\varphi_2\varepsilon_C^{\varphi_2-1} \tag{3-74}$$

再对式（3-65）求偏导：

$$\frac{\partial\eta}{\partial\varepsilon_C}=\frac{\frac{\partial(ww)}{\partial\varepsilon_C}(qq)-\frac{\partial(qq)}{\partial\varepsilon_C}(ww)}{(qq)^2} \tag{3-75}$$

式（3-71）至式（3-74）代入式（3-75）便可以得到 $\partial\eta/\partial\varepsilon_C$ 完整的表达式。

令 $\dfrac{\partial\eta}{\partial\varepsilon_C}=0$，得到式（3-76）：

$$\frac{\partial(ww)}{\partial\varepsilon_C}(qq)-\frac{\partial(qq)}{\partial\varepsilon_C}(ww)=0 \tag{3-76}$$

解方程（3-76）可以得到循环效率极值点的压气机总压比 $\varepsilon_{C,opt2}$。由于方程较为复杂，可以通过数值方法求解，其解的函数形式可以表达为：

$$\varepsilon_{C,opt2}=\varepsilon_{C,opt2}(\eta_C,\eta_T,\tau_4) \tag{3-77}$$

可以看到，与式（3-70）的函数形式一致，$\varepsilon_{C,opt2}$ 是压气机等熵效率 η_C、透平等熵效率 η_T 以及循环温比 τ_4 的函数。

根据式（3-77），循环效率极值点的压气机总压比 $\varepsilon_{C,opt2}$ 与压气机等熵效率 η_C 和透平等熵效率 η_T 以及循环温比 τ_4 的关系如图 3-21 循环效率极大值点所示。$\varepsilon_{C,opt2}$ 随着 τ_4 的增大而增大，并随着 η_C 和 η_T 的增大而增大，图 3-21 的结果包含表 3-24 的结果。

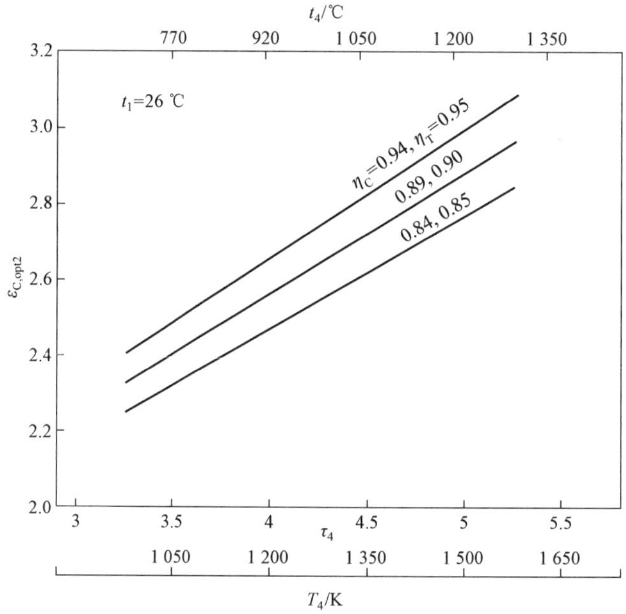

图 3-21　循环效率极大值点

输出比功极大值时的循环节点温度和压力如表 3-25 所示，其温熵图如图 3-22 所示。同样，循环效率极大值时的循环节点的温度和压力值如表 3-26 所示，其温熵图也标注在图 3-22 中。输出比功极大的循环特点是压气机的压缩比较大，从而透平的膨胀比也增大，以便尽可能地对外多做功。循环效率极大的循环特点是压气机的压缩比和透平的膨胀比设定在一个适当的位置，以便同时考虑尽可能对外多做功和尽可能利用回热器多回收热量。另外，表 3-12 参考算例的有量纲方程求解结果与表 3-26 的结果相比较两者较接近，说明参考算例的设定比较接近循环效率极大的方案。

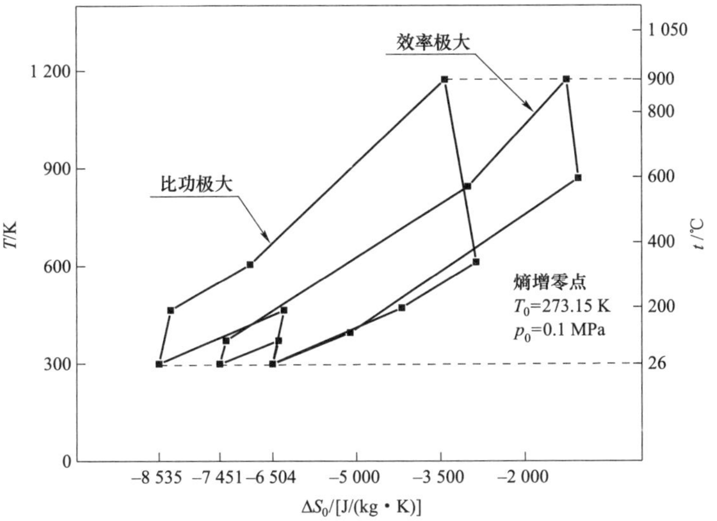

图 3-22　输出比功极大值和循环效率极大值的温熵图

表 3-25　输出比功极大值时的循环节点温度和压力

	T_i / K	t_i / ℃	p_i / MPa
1	299	26	2.88
2a	464	191	7.82
2b	299	26	7.66
2	464	191	20.80
3	605	332	20.38
4	1 173	900	19.97
5	612	339	3.00
6	471	198	2.94

表 3-26　循环效率极大值时的循环节点温度和压力

	T_i / K	t_i / ℃	p_i / MPa
1	299	26	2.88
2a	370	96	4.64
2b	299	26	4.55
2	370	96	7.32
3	844	570	7.18
4	1 173	900	7.03
5	869	595	3.00
6	395	121	2.94

压气机的总压比 ε_C 是决定闭式布雷顿循环特性的最重要的部件参数。理论上，在热力循环设计中有两个确定总压比 ε_C 的方案，即一个是输出比功最优方案，另一个是循环效率最优方案，由设计者根据任务需求决定。

3.8 回热器设计参数

如第 1 章的绪论所述，闭式布雷顿循环加装回热器可以有效利用透平尾气的余热，同时也增加了热力循环回路的阻力。换热面积增加回热度增大有利于循环效率的提高，同时阻力增大又促使循环效率下降。回热器的设计是传热特性和阻力特性相互博弈又相互妥协的过程。

3.8.1 回热器的传热和阻力

根据传热学理论[3]，回热度增大回热器两侧温差减小，所需传热单元数增多。对于逆流换热器，传热单元数 NTU 与回热度 α 的关系式为：

$$\frac{\mathrm{NTU}}{\mathrm{NTU}_0}=\frac{\alpha(1-\alpha_0)}{\alpha_0(1-\alpha)} \tag{3-78}$$

式中：下标 0 为参考算例的值；α_0 取 0.95。

式（3-78）的曲线如图 3-23 传热单元数与回热度的关系所示，可以看出在大多数区域 NTU 的变化不大，但是在 α 接近 1 时 NTU 迅速增加，也就是说此时换热器换热面积迅速增大。事实上，NTU 的变化是和流动阻力的变化同步的。

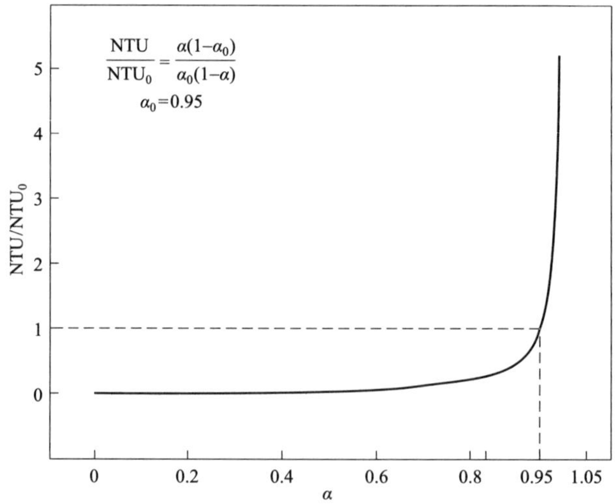

图 3-23　传热单元数与回热度的关系

传热单元 NTU 的定义为：

$$\mathrm{NTU}=\frac{kWL}{\dot{m}c_{\mathrm{p}}} \tag{3-79}$$

式中：k 为换热器的传热系数；W 为传热面宽度；L 为传热面长度；$\dot{m}$ 为工质的质量

流量；c_p 为工质的比定压热容。

以闭式布雷顿循环理论为基础的高温气冷堆氦气透平循环发电系统一般设计为肩并肩的布置，即两个立式布置的压力容器用热气导管压力容器相连的三壳结构，其中一个压力容器内布置反应堆堆芯，另一个压力容器内布置能量转换系统。能量转换系统压力容器内，氦气透平压气机组立式布置在中心线上，回热器、预冷器和间冷器布置在氦气透平压气机组外围的周向[2]。由于压力容器直径有限值，若要增加换热器的功率不能在径向扩展，只能在轴向伸展。所以式（3-79）中传热面的变化表现在传热面长度 L 的变化而宽度 W 不变。假设在我们讨论的回热度 α 的变化范围内，回热器内流体的物性不变，流量不变，传热特性不变，则：

$$\frac{\mathrm{NTU}}{\mathrm{NTU}_0}=\frac{L}{L_0} \tag{3-80}$$

回热器中的流道阻力 Δp 为

$$\Delta p=\frac{1}{2}\rho v^2 f\frac{L}{D} \tag{3-81}$$

式中：f 为流道的阻力系数；D 为流道的当量直径；L 为流道长度；ρ 为工质的密度；v 为工质的流速。

假设在我们讨论的回热度 α 的变化范围内，回热器内流体的物性不变，流速不变，阻力特性不变，同理：

$$\frac{\Delta p}{\Delta p_0}=\frac{L}{L_0} \tag{3-82}$$

所以：

$$\frac{\Delta p}{\Delta p_0}=\frac{\mathrm{NTU}}{\mathrm{NTU}_0} \tag{3-83}$$

可以看到图 3-23 中传热单元数 NTU 的变化曲线也是流道阻力 Δp 的变化曲线，即在大多数区域 Δp 的变化不大，但是在 α 接近 1 时 Δp 迅速增加。

将式（3-78）和式（3-83）应用到回热器两侧可以得到：

$$\frac{\Delta p_{2-3}}{\Delta p_{2-3,0}}=\frac{\mathrm{NTU}_{2-3}}{\mathrm{NTU}_{2-3,0}} \tag{3-84}$$

$$\frac{p_2(1-\xi_{2-3})}{p_{2,0}(1-\xi_{2-3,0})}=\frac{\alpha(1-\alpha_0)}{\alpha_0(1-\alpha)} \tag{3-85}$$

$$\xi_{2-3}=1-\frac{\alpha(1-\alpha_0)}{\alpha_0(1-\alpha)}(1-\xi_{2-3,0})\frac{p_{2,0}}{p_2} \tag{3-86}$$

和

$$\frac{\Delta p_{5-6}}{\Delta p_{5-6,0}}=\frac{\mathrm{NTU}_{5-6}}{\mathrm{NTU}_{5-6,0}} \tag{3-87}$$

$$\frac{p_6(\xi_{5-6}^{-1}-1)}{p_{6,0}(\xi_{5-6,0}^{-1}-1)}=\frac{\alpha(1-\alpha_0)}{\alpha_0(1-\alpha)} \tag{3-88}$$

$$\xi_{5-6}=\left[1+\frac{\alpha(1-\alpha_0)}{\alpha_0(1-\alpha)}(\xi_{5-6,0}^{-1}-1)\frac{p_{6,0}}{p_6}\right]^{-1} \tag{3-89}$$

式(3-86)表示了回热器高压侧压力恢复系数ξ_{2-3}与回热度α的函数关系，式(3-89)表示了低压侧压力恢复系数ξ_{5-6}与回热度α的函数关系。

根据式（3-59）总压力恢复系数ξ_t与各子过程压力恢复系数ξ_j的关系为：

$$\xi_t=\xi_{2a-2b}\,\xi_{2-3}\,\xi_{3-4}\,\xi_{5-6}\,\xi_{6-1}$$

式（3-86）和式（3-89）代入式（3-59）得到式（3-90）：

$$\xi_t=\xi_{2a-2b}\left[1-\frac{\alpha(1-\alpha_0)}{\alpha_0(1-\alpha)}(1-\xi_{2-3,0})\frac{p_{2,0}}{p_2}\right]\xi_{3-4}\left[1+\frac{\alpha(1-\alpha_0)}{\alpha_0(1-\alpha)}(\xi_{5-6,0}^{-1}-1)\frac{p_{6,0}}{p_6}\right]^{-1}\xi_{6-1} \tag{3-90}$$

回热器高压侧压力恢复系数ξ_{2-3}和低压侧压力恢复系数ξ_{5-6}通过总压力恢复系数ξ_t影响闭式布雷顿循环特性。

3.8.2 回热度的转折点

闭式布雷顿循环的输出比功w和循环效率η如式（3-64）和式（3-65）所示：

$$w=c_pT_1\tau_4\left\{\eta_T\left(1-(\varepsilon_C\xi_t)^{-\left(\frac{k-1}{k}\right)}\right)-2\tau_4^{-1}\eta_C^{-1}\left(\varepsilon_C^{\frac{k-1}{2k}}-1\right)\right\}$$

$$\eta=\frac{\eta_T\left(1-(\varepsilon_C\xi_t)^{-\left(\frac{k-1}{k}\right)}\right)-2\tau_4^{-1}\eta_C^{-1}\left(\varepsilon_C^{\frac{k-1}{2k}}-1\right)}{1-\alpha\left[1-\eta_T\left(1-(\varepsilon_C\xi_t)^{-\left(\frac{k-1}{k}\right)}\right)\right]-(1-\alpha)\tau_4^{-1}\left[\eta_C^{-1}\left(\varepsilon_C^{\frac{k-1}{2k}}-1\right)+1\right]}$$

如果循环回路总压力恢复系数ξ_t为常数，把式（3-59）代入式（3-64）和式（3-65），输出比功w与回热度α无关为常数，如图3-24输出比功和回热度的特性图中虚线所示，

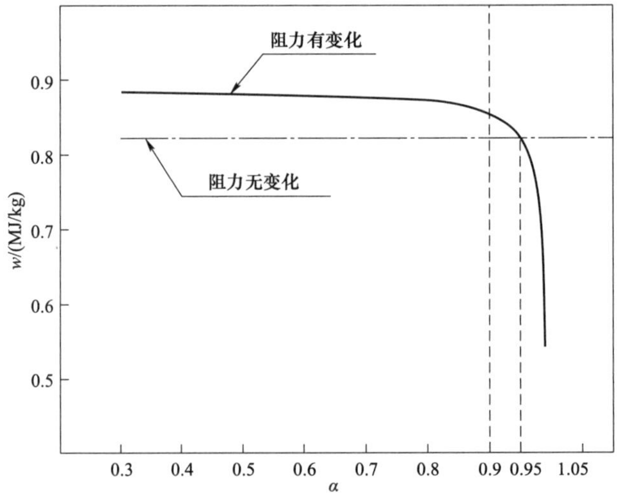

图3-24 输出比功和回热度的特性图

循环效率η是α的单调增函数，如图 3-25 循环效率和回热度的特性图中虚线所示。在回热度α的变化区域内，在α为中低数值时，这两条曲线能够比较正确地反映输出比功w和循环效率η与回热度α的关系，但是在α接近 1 时却不能正确反映w和η与α的关系。

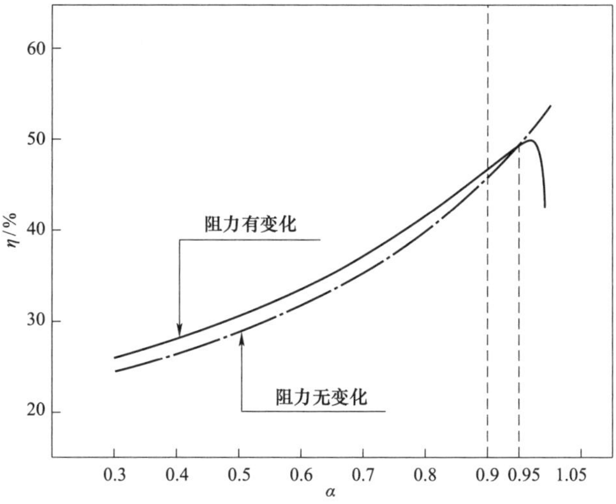

图 3-25 循环效率和回热度的特性图

如果考虑回热度α的增加会带来总压力恢复系数ξ_t的减少，把式（3-90）代入式（3-64）输出比功w关系式的形式变为式（3-91）：

$$w = w[\xi_t(\alpha)] \tag{3-91}$$

w是α的函数，α通过ξ_t数影响w，如图 3-24 中实线所示。同理，把式（3-90）代入式（3-65），循环效率η关系式的形式变为式（3-92）：

$$\eta = \eta[\alpha, \xi_t(\alpha)] \tag{3-92}$$

α不仅直接影响η，而且还通过ξ_t间接影响η，如图 3-25 中实线所示。

图 3-24 和图 3-25 大致可以分为两个区域，我们可以根据实际需要选择一个分界点（例如回热度为 0.9）。在分界点左侧回热度α较小区域，输出比功w变化很小接近为常数，阻力变化有和无的影响较小。循环效率η为单调增函数，阻力变化有和无的影响也较小。究其原因如图 3-23 传热单元数与回热度的关系所示，在该区域回热器的阻力变化较小。因此，在该区域可以利用式（3-91）和式（3-92）预测闭式布雷顿循环的特性，也可以不考虑阻力变化的影响（总压力恢复系数ξ_t为常数）直接利用式（3-64）和式（3-65）预测闭式布雷顿循环的特性，视实际的要求而定。

需要说明的是，在公式（3-91）和公式（3-92）中并未考虑预冷器阻力变化的影响，实际情况是回热器增大的同时预冷器会减小，也就是回热器阻力增大时预冷器阻力减小，反之亦然。如果考虑这个因素，实际的输出比功w曲线和循环效率η曲线，比图 3-24 和图 3-25 左边区域的实线更接近于不考虑阻力变化的虚线。

在图 3-24 和图 3-25 分界点右侧回热度α较大区域，此时回热器两侧阻力变化剧烈（图 3-23），只能用公式（3-91）和公式（3-92）分别求输出比功w和循环效率η。随着回热度α的增大，流动阻力迅猛增加，w迅速下降，η的上升势头也迅速被抵消然后迅速下降。我们在设计回热度α时一定要避开这个转折点和以上区域。

如果循环温比τ_4上升，输出比功w和循环效率η整体增大，与回热度α关系的趋势保持不变，如图 3-26 输出比功与回热度的关系和图 3-27 循环效率与回热度的关系所示。转折点的详情如图 3-28 回热度的转折点所示，随着循环温比τ_4的提高，转折点的回热度α和循环效率η也随之提高，具体数值如表 3-27 回热度的转折点所示。

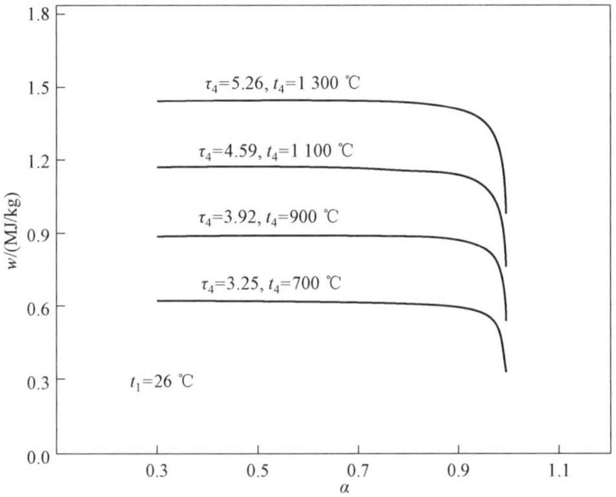

图 3-26　输出比功与回热度的关系

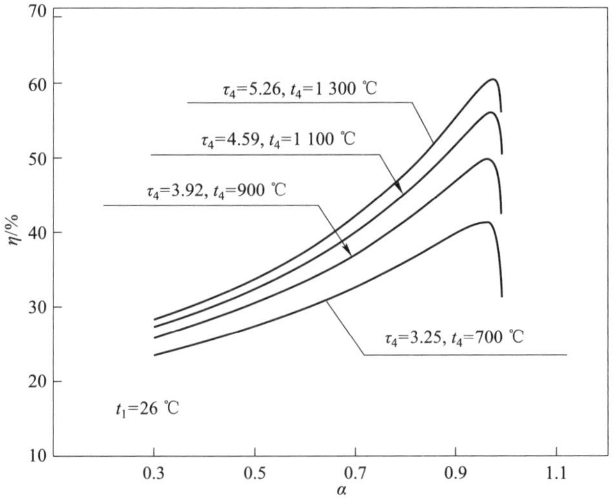

图 3-27　循环效率与回热度的关系

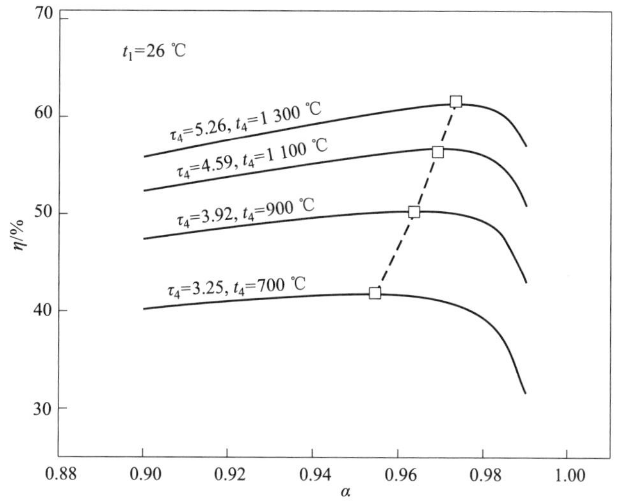

图 3-28　回热度的转折点

表 3-27　回热度的转折点

t_4 / ℃	τ_4	α	η / %
700	3.25	0.955	41.5
900	3.92	0.964	50.0
1 100	4.59	0.970	56.1
1 300	5.26	0.973	60.8

*注：t_1 = 26 ℃ 。

以参考算例为基础，选择回热度 α 为 0.800，0.900 和 0.964（转折点）的循环进行比较，热力循环图如图 3-29 不同回热度的循环温熵图所示，节点数值如表 3-28 不同回热度的循环节点温度和压力所示。

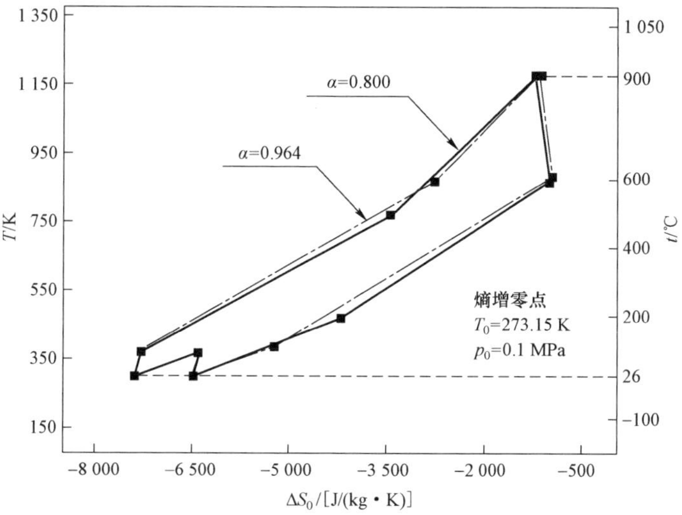

图 3-29　不同回热度的循环温熵图

表 3-28　不同回热度的循环节点温度和压力

	$\alpha=0.800$		$\alpha=0.900$		$\alpha=0.964$	
节点	t_i / ℃	p_i / MPa	t_i / ℃	p_i / MPa	t_i / ℃	p_i / MPa
1	26	2.88	26	2.88	26	2.88
2a	93	4.55	93	4.55	93	4.55
2b	26	4.46	26	4.46	26	4.46
2	93	7.05	93	7.05	93	7.05
3	497	7.02	550	6.98	593	6.85
4	900	6.88	900	6.84	900	6.71
5	597	2.95	601	2.97	612	3.02
6	194	2.94	144	2.94	112	2.94

*注：$t_1=26$ ℃。

根据图表进行具体分析可知，随着回热度的增大子过程 2—3 温差增大和子过程 5—6 温差增大，透平尾气的余热利用量增加，随之而来的代价是这两个子过程的压力损失增加。以上这两个因素博弈的结果决定我们选择合适的回热度。另外，随着回热度的增大子过程 6—1 的温差减小，预冷器减小，相应的阻力也会减小，在实际工程设计中也应考虑。

公式（3-91）和公式（3-92）的意义在于揭示了回热器的转折点的机理，在工程设计中应当避免转折点和以上区域。在转折点以下区域，可以用公式（3-91）和公式（3-92）预测闭式布雷顿循环的特性，也可以不考虑阻力变化的影响直接利用公式（3-64）和公式（3-65），视任务要求而定。

3.9　流道阻力设计参数

观察式（3-59），闭式布雷顿循环包含 5 个子过程，5 个子过程压力恢复系数 ξ_i 的乘积定义为循环回路总压力恢复系数 ξ_t：

$$\xi_t=\xi_{2a-2b}\,\xi_{2-3}\,\xi_{3-4}\,\xi_{5-6}\,\xi_{6-1}$$

观察式（3-60），在闭式布雷顿循环中，由于循环回路流动阻力的消耗，透平的膨胀比 π_T 要小于压气机的压缩比 ε_C，π_T 是 ε_C 和 ξ_t 的乘积：

$$\pi_T=\varepsilon_C\,\xi_t$$

循环系统阻力越大，ξ_t 越小 π_T 也就越小，如图 3-30 膨胀比和总压力恢复系数的关系所示。

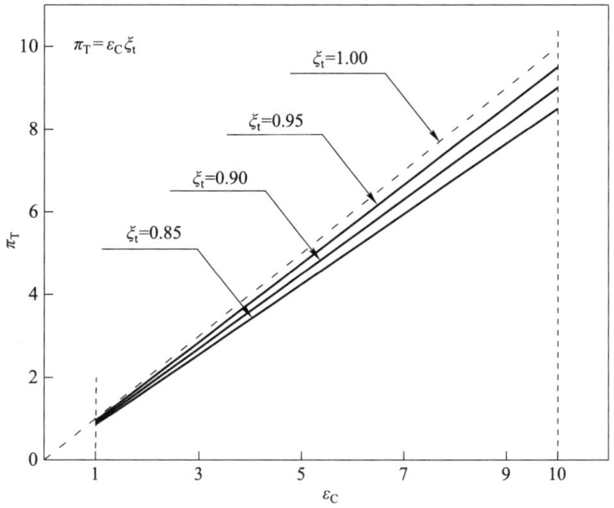

图 3-30 膨胀比和总压力恢复系数的关系

再观察式（3-64）和式（3-65），循环系统的压力损失通过总压力恢复系数 ξ_t 影响透平的膨胀比 $\varepsilon_C\xi_t$，从而进一步影响闭式布雷顿循环的输出比功 w 和循环效率 η：

$$w=c_pT_1\tau_4\left\{\eta_T\left(1-(\varepsilon_C\xi_t)^{-\left(\frac{k-1}{k}\right)}\right)-2\tau_4^{-1}\eta_C^{-1}\left(\varepsilon_C^{\frac{k-1}{2k}}-1\right)\right\}$$

$$\eta=\frac{\eta_T\left(1-(\varepsilon_C\xi_t)^{-\left(\frac{k-1}{k}\right)}\right)-2\tau_4^{-1}\eta_C^{-1}\left(\varepsilon_C^{\frac{k-1}{2k}}-1\right)}{1-\alpha\left[1-\eta_T\left(1-(\varepsilon_C\xi_t)^{-\left(\frac{k-1}{k}\right)}\right)\right]-(1-\alpha)\tau_4^{-1}\left[\eta_C^{-1}\left(\varepsilon_C^{\frac{k-1}{2k}}-1\right)+1\right]}$$

输出比功 w 和循环效率 η 与总压力恢复系数 ξ_t 的关系如图 3-31 所示。在压气机总压比 ε_C 一定的条件下，随着循环回路流动阻力的下降，总压力恢复系数 ξ_t 增大，透平膨胀比 $\varepsilon_C\xi_t$ 也随之增大，以致输出比功 w 和循环效率 η 增大，反之亦然。

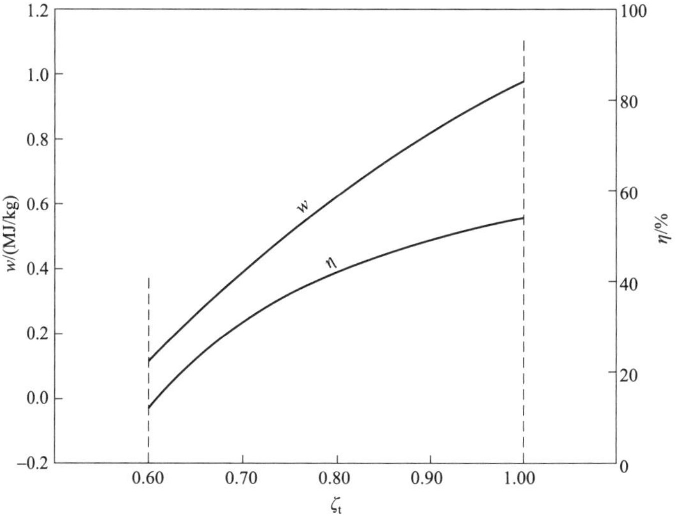

图 3-31 输出比功和循环效率与总压力恢复系数的关系

参考算例中五个传热子过程的压力恢复系数均为 0.98，循环系统的总压力恢复系数 ξ_t 为 0.904（0.98^5）。我们再选一个算例，五个传热子过程的压力恢复系数均为 0.96，则系统的总压力恢复系数 ξ_t 为 0.815（0.96^5）。两个算例的热力循环图如图 3-32 不同总压力恢复系数的循环温熵图所示，各节点的压力值如表 3-29 不同总压力恢复系数的循环节点压力所示。观察比较可知，虽然压气机的总压比是一样的，但是如果压力恢复系数减小，由于系统沿途的压力损失增大，透平的进口压力下降，出口背压提高，以致透平膨胀比下降对外做功减少。

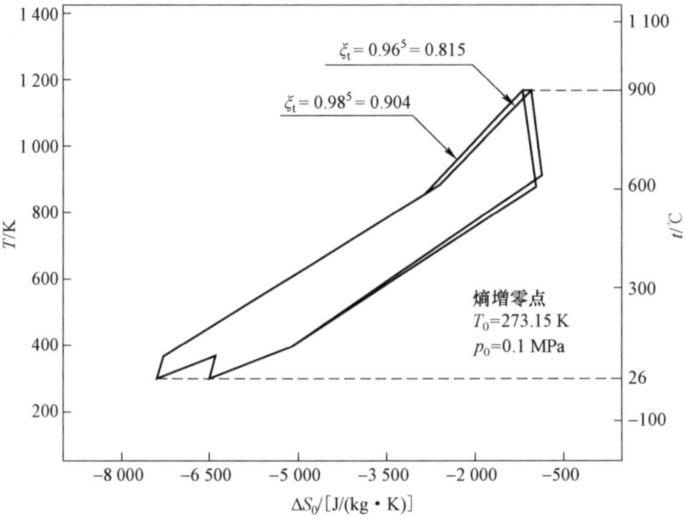

图 3-32　不同总压力恢复系数的循环温熵图

表 3-29　不同总压力恢复系数的循环节点压力

	$\xi_t = 0.98^5 = 0.904$	$\xi_t = 0.96^5 = 0.815$
	p_i	p_i
1	2.88	2.88
2a	4.55	4.55
2b	4.46	4.37
2	7.05	6.90
3	6.90	6.63
4	6.77	6.36
5	3.00	3.13
6	2.94	3.00

以上的算例，五个传热子过程的压力恢复系数都假设相等，实际工程项目中，各换热器的压力恢复系数是不相等的。从上面的分析得到，不管五个子过程的压力恢复系数是否相等，只要它们的乘积总压力恢复系数 ξ_t 相等，那么透平膨胀比 $\varepsilon_C\xi_t$ 相等，输出比功 w 相等，循环效率 η 相等。因此，上文通过循环总压力恢复系数考察闭式布

雷顿循环阻力特性的方法是合适的。实际工程设计中，要根据实际情况具体设计各个部件的压力恢复系数。

3.10 空气工质热力循环

高温气冷堆的一回路与氦气透平循环系统直接相连称之为“高温气冷堆氦气透平直接循环”，热力循环工质为氦气。如果高温气冷堆的一回路通过中间换热器与气体透平循环系统间接相连称之为“高温气冷堆气体透平间接循环”，反应堆堆芯冷却剂是氦气，气体透平热力循环工质可以是氦气、氮气、空气或其他气体。移动气冷微堆电厂基本上都是直接循环，一回路冷却剂就是气体透平循环工质，可以是氦气或氦氙混合气体。所以，闭式布雷顿循环工质可以是氦气也可以是其他气体，这里选择氦气和空气两种气体作为工质，考察不同气体对闭式布雷顿循环特性的影响。

3.10.1 空气的物理特点

表 3-2 闭式布雷顿循环方程组无量纲参数中的（3）是工质气体的物性，本节选择两种工质进行分析比较，即氦气和空气，比较不同物性对闭式布雷顿循环特性的影响。空气也比较接近理想气体，也可以用表 3-1 的闭式布雷顿循环有量纲方程组或表 3-3 的闭式布雷顿循环无量纲方程组描写空气闭式布雷顿循环过程。

氦气和空气的物性比较如表 3-30 所示，最明显的特点是氦气的比热容比较大，约为空气比热容的 5 倍。在整个热力循环温度范围内，氦气的比热容接近常数。空气的比热容会随温度的变化而变化，因此呈现了 300 K 和 900 K 两种温度条件下的比热值。在空气的热力循环分析中采用循环中间温度 900 K 的比热值，在空气的压气机分析中采用压缩子过程中间温度 300 K 的比热值。

表 3-30 氦气和空气物性比较

工质	定性温度（K）	M/（kg/kmol）	R/［J/（kg·K）］	c_p/［J/（kg·K）］	c_v/［J/（kg·K）］	$k=c_p/c_v$
空气	300	28.97	287.0	1 005	718	1.400
	900	28.97	287.0	1 121	834	1.344
氦气	—	4.003	2 076.9	5 198	3 121	1.665

氦气和空气的闭式布雷顿循环的比较需要建立在相同的运行条件下才有意义，首先循环的最高温度 T_4 和最低温度 T_1 一致，其次各节点的温度 T_i 一致，也就是两个循环的温度分布是一样的。T_4 和 T_1 的一致需要运行参数确定，T_i 的一致需要设计参数确定。

根据表 3-4 闭式布雷顿循环无量纲方程解析解，若要保持各节点的温度 T_i 一致，首先是低压压气机等熵效率 η_{LC}、高压压气机等熵效率 η_{HC} 和透平等熵效率 η_T 相同，也就是氦气轮机压气机组和空气涡轮压气机组的流动是相似的。其次，低压压气机的 $\varepsilon_{LC}^{\varphi_1}$、

高压压气机的 $\varepsilon_{HC}^{\varphi_1}$ 和透平的 $\pi_T^{\varphi_1}$ 相同，如表 3-31 氦气和空气热力循环相同的条件所示。

表 3-31 氦气和空气热力循环相同的条件

部件参数	关系式
低压压气机等熵效率 η_{LC}	$\eta_{LC,air} = \eta_{LC,helium}$
高压压气机等熵效率 η_{HC}	$\eta_{HC,air} = \eta_{HC,helium}$
透平等熵效率 η_T	$\eta_{T,air} = \eta_{T,helium}$
低压压气机的压缩比 ε_{LC}	$\varepsilon_{LC,air}^{\varphi_1} = \varepsilon_{LC,helium}^{\varphi_1}$
高压压气机的压缩比 ε_{HC}	$\varepsilon_{HC,air}^{\varphi_1} = \varepsilon_{HC,helium}^{\varphi_1}$
透平的膨胀比 π_T	$\pi_{T,air}^{\varphi_1} = \pi_{T,helium}^{\varphi_1}$

注：$\varphi_1 = (k-1)/k$ 。

因为氦气和空气的物性 φ_1 不同，所以低压压气机压比 ε_{LC} 、高压压气机压比 ε_{HC} 和透平膨胀比 π_T 也各不相同。根据式（3-56）和式（3-60）可以得到式（3-93）和式（3-94）：

$$\varepsilon_{LC}^{\varphi_1}\varepsilon_{HC}^{\varphi_1} = \varepsilon_C^{\varphi_1} \tag{3-93}$$

$$\pi_T^{\varphi_1} = (\varepsilon_C \xi_t)^{\varphi_1} \tag{3-94}$$

所以问题转化为氦气热力循环和空气热力循环的 $\varepsilon_C^{\varphi_1}$ 和 $(\varepsilon_C \xi_t)^{\varphi_1}$ 必须一致。经过推导可以得到两种工质气体的压气机压缩比 ε_C 之间的关系以及总压力恢复系数 ξ_t 之间的关系

$$\varepsilon_{C,air} = \exp\left(\frac{\varphi_{1,helium}}{\varphi_{1,air}}\ln(\varepsilon_{C,helium})\right) \tag{3-95}$$

$$\xi_{t,air} = \exp\left(\frac{\varphi_{1,helium}}{\varphi_{1,air}}\ln(\xi_{t,helium})\right) \tag{3-96}$$

式（3-95）和式（3-96）的表达形式是为了避免指数下标字体太小。

氦气和空气闭式布雷顿循环在循环温度分布 T_i 相同的条件下进行分析比较，这个条件需要设定相同的运行参数和相应的设计参数来保证。（1）运行参数：循环最高温度 T_4 和循环最低温度 T_1 相同；（2）设计参数：低压压气机等熵效率 η_{LC} 、高压压气机等熵效率 η_{HC} 和透平等熵效率 η_T 相同；压气机压缩比 ε_C 和总压力恢复系数 ξ_t 遵循式（3-95）和式（3-96）的关系。

根据式（3-95）氦气和空气压气机压缩比的关系如图 3-33 所示，其数值如表 3-32 所示，空气比热采用 900 K 的数值。可以看出，同样的循环条件下，空气压缩比要大于氦气压缩比。在工程设计中，空气压气机压缩比要大于氦气压气机压缩比是一个重要特点。

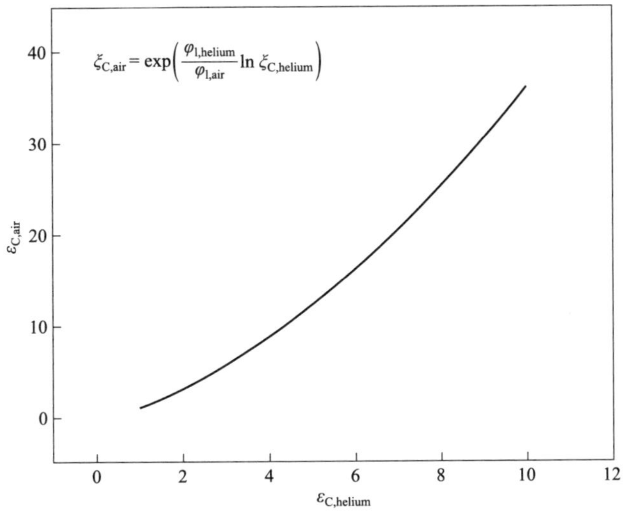

图 3-33 氦气和空气压气机压缩比的关系

表 3-32 氦气和空气压气机压缩比的关系

$\varepsilon_{C,helium}$	$\varepsilon_{C,air}$
1.00	1.00
1.50	1.88
2.00	2.95
2.50	4.18
3.00	5.55
3.50	7.06

根据式(3-96)氦气和空气总压力恢复系数的关系如图 3-34 所示，其数值如表 3-33 所示，空气比热也采用 900 K 的数值。可以看出，同样的循环条件下，所需的空气的总压力恢复系数要小于氦气的总压力恢复系数。

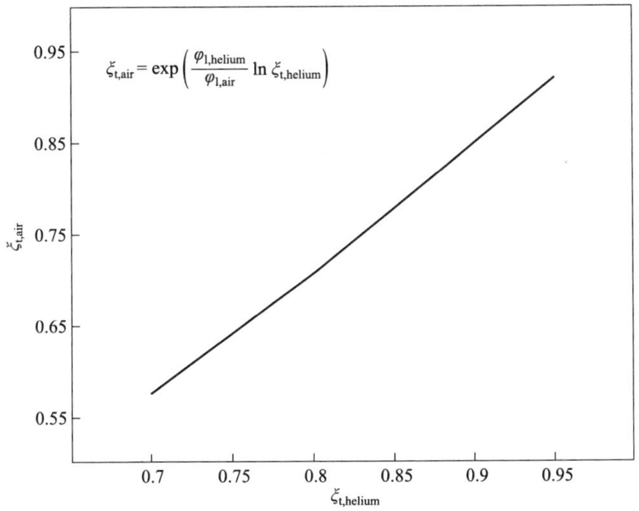

图 3-34 氦气和空气总压力恢复系数的关系

表 3-33　氦气和空气总压力恢复系数的关系

$\xi_{t,helium}$	$\xi_{t,air}$
0.700	0.573
0.750	0.638
0.800	0.706
0.850	0.776
0.900	0.848
0.950	0.923

设压气机的进口温度为T_{in}，出口温度为T_{out}，压缩子过程的焓升Δh为式（3-97）：

$$\Delta h = c_p (T_{out} - T_{in}) \tag{3-97}$$

此时，压气机的焓升Δh还可以表示为式（3-98）：

$$\Delta h = \lambda n \omega^2 R_b^2 \tag{3-98}$$

式中：λ为载荷系数；n为叶轮级数；ω为角转速；R_b为叶轮半径。

合并式（3-97）和式（3-98）得到压气机级数n为式（3-99）：

$$n = c_p \frac{T_{out} - T_{in}}{\lambda \omega^2 R_b^2} \tag{3-99}$$

如果压气机的气动设计、几何参数、运行条件和运行转速不变，压气机的级数n与工质比定压热容c_p成正比，即得到式（3-100）：

$$\frac{n_{helium}}{n_{air}} = \frac{c_{p,heliun}}{c_{p,air}} \tag{3-100}$$

式（3-100）线性关系如图 3-35 氦气和空气压气机级数的关系所示，比值为 5.172，也就是说氦气压气机的级数约为空气压气机的 5 倍，这里空气比热采用 300 K 的数值。

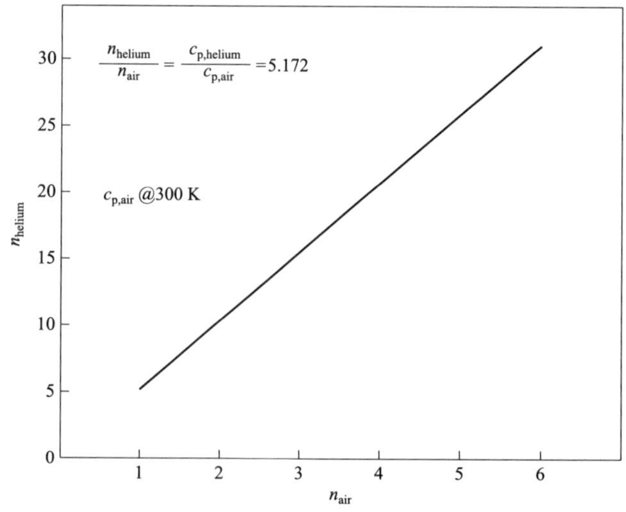

图 3-35　氦气和空气压气机级数的关系

在工程设计中，氦气压气机的级数要远多于空气压气机的级数是另一个重要特性。在实际的压气机的设计中，由于物性的特点，氦气压气机的载荷系数可以大于空气压气机的载荷系数，因此实际两者的级数之比要小于式（3-100）的值。

在各节点温度相同的空气和氦气两个闭式布雷顿循环中，空气压气机压缩比大于氦气压气机的压缩比，空气压气机级数小于氦气压缩机级数。

3.10.2 空气的循环特点

针对氦气闭式布雷顿循环的参考算例，构造一个温度分布相同的空气闭式布雷顿循环。空气的物性取自表 3-30 中的 900 K 的比定压热容 c_p 和比热比 k，空气压气机压缩比 ε_C 和空气流道总压力恢复系数 ξ_t 由式（3-95）和式（3-96）决定，如表 3-34 氦气和空气闭式布雷顿循环输入参数所示。与氦气的参考算例一样，空气的高压压气机和低压压气机压缩比相等，空气的五个传热子过程的压力恢复系数相等，也就是 ε_C 开平方和 ξ_t 开五次方后分别代入表 3-2 的闭式布雷顿循环方程组参数中。

表 3-34 氦气和空气闭式布雷顿循环输入参数

工质	c_p / [J/（kgK）]	k	ε_C	ξ_t
氦气	5 198	1.665	2.496	0.903 9
空气	1 121	1.344	4.169	0.854 2

计算结果如图 3-36 单位质量的氦气和空气闭式布雷顿循环温熵图和表 3-35 氦气和空气闭式布雷顿循环节点压力所示，氦气和空气的闭式布雷顿循环各节点温度相同，但是各节点的压力不同。根据式（3-95）空气循环的压缩比和膨胀比要大于氦气循环的，根据式（3-96）空气循环的压力恢复系数要小于氦气循环的。在低压压气机入口压力 p_1 相同的条件下，空气循环各节点的压力要大于氦气循环的，如表 3-35 所示。

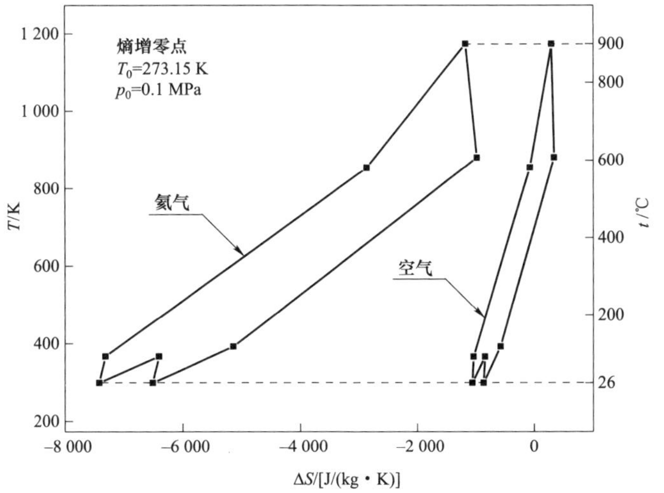

图 3-36 单位质量的氦气和空气闭式布雷顿循环温熵图

表 3-35 氦气和空气闭式布雷顿循环节点压力

	氦气	空气
	p_i （MPa）	p_i （MPa）
1	2.88	2.88
2a	4.55	5.88
2b	4.46	5.70
2	7.05	11.63
3	6.90	11.27
4	6.77	10.92
5	3.00	3.07
6	2.94	2.97

根据表 3-7 的单位工质做功和传热以及输出比功循环效率，空气和氦气循环的温度分布相同，所以循环效率相同。输出比功与定压比热成正比，氦气循环输出比功是空气循环的约 5 倍（图 3-36）。

在工程设计中，基于单位摩尔的循环分析比基于单位质量的循环分析更具有工程意义，因为摩尔数相同压力相同系统和设备的强度要求也相同。基于单位摩尔的氦气和空气闭式布雷顿循环温熵图如图 3-37 所示。

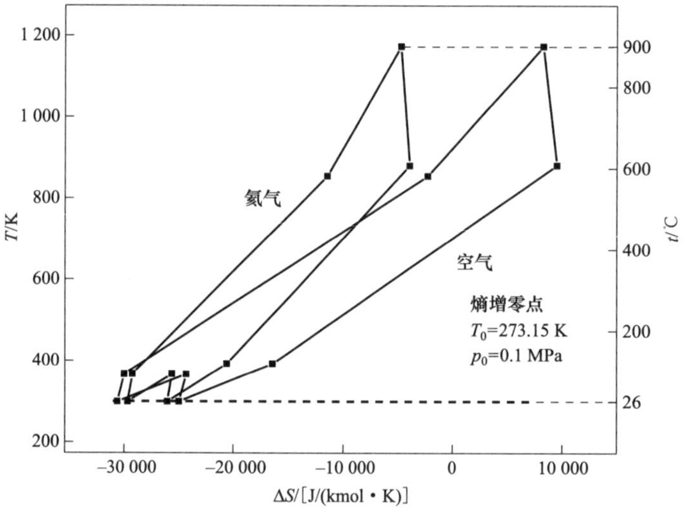

图 3-37 单位摩尔的氦气和空气闭式布雷顿循环温熵图

图 3-36 中，基于单位质量的空气循环的面积小于氦气循环面积，空气循环输出比功小于氦气循环的比功。图 3-37 中，基于单位摩尔的空气循环的面积略大于氦气循环面积，也就是空气循环摩尔输出比功大于氦气循环的比功。空气和氦气闭式布雷顿循环的结果如表 3-36 所示。基于单位摩尔的输出比功 $\hat{w}$ 通过式（3-101）计算得到：

$$\hat{w} = \hat{M} w \tag{3-101}$$

式中：$\hat{M}$ 为相对分子质量。

表 3-36　氦气和空气闭式布雷顿循环的输出比功和循环效率

	η / %	w /（MJ/kg）	$\hat{w}$ /（MJ/kmol）
氦气	49.7	0.823	3.293
空气	49.7	0.177	5.139

3.11　优化设计分析

优化设计分析有两方面的工作组成，一方面是建立目标函数求多元函数的极值或最值，另一方面是建立自变量的定义域和多元函数的约束条件，两者是有机地结合在一起的。下面按照上述思路对闭式布雷顿循环的优化问题进行分析和计算。

3.11.1　优化分析

闭式布雷顿循环的主要特性可以用输出比功 w 和循环效率 η 表示，如前所述的式（3-64）和式（3-65）：

$$w = c_{\mathrm{p}} T_1 \tau_4 \left\{ \eta_{\mathrm{T}} \left(1 - (\varepsilon_{\mathrm{C}} \xi_{\mathrm{t}})^{-\left(\frac{k-1}{k}\right)} \right) - 2\tau_4^{-1} \eta_{\mathrm{C}}^{-1} \left(\varepsilon_{\mathrm{C}}^{\frac{k-1}{2k}} - 1 \right) \right\}$$

$$\eta = \frac{\eta_{\mathrm{T}} \left(1 - (\varepsilon_{\mathrm{C}} \xi_{\mathrm{t}})^{-\left(\frac{k-1}{k}\right)} \right) - 2\tau_4^{-1} \eta_{\mathrm{C}}^{-1} \left(\varepsilon_{\mathrm{C}}^{\frac{k-1}{2k}} - 1 \right)}{1 - \alpha \left[1 - \eta_{\mathrm{T}} \left(1 - (\varepsilon_{\mathrm{C}} \xi_{\mathrm{t}})^{-\left(\frac{k-1}{k}\right)} \right) \right] - (1-\alpha)\tau_4^{-1} \left[\eta_{\mathrm{C}}^{-1} \left(\varepsilon_{\mathrm{C}}^{\frac{k-1}{2k}} - 1 \right) + 1 \right]}$$

也就是说，闭式布雷顿循环的优化有两个独立的目标，即输出比功 w 最大和循环效率 η 最大，具体选择哪个优化目标需要根据设计任务的要求而定。

首先分析 3 个热力循环输入参数的影响，如表 3-37 输入参数分析所示。循环最高温度 T_4 是最重要的设计参数和运行条件，循环效率 η 和输出比功 w 分别是 T_4 的单调增函数，因此希望闭式布雷顿循环运行在较高的温度 T_4。但是 T_4 值的选取是有限制的，由反应堆的安全性和氦气透平叶片的强度寿命等因素决定。关于特征点温度 T_1，循环效率 η 与 T_4/T_1 比值相关，输出比功 w 与 T_1 相关。T_1 是由环境温度决定的变化不大，可以作为常数处理。关于特征点压力 p_1，循环效率 η 和输出比功 w 与 p_1 无关，在优化分析中不考虑。

表 3-37　输入参数分析

变量	循环效率 η	输出比功 w	优化过程中
最高温度 T_4	单调增	单调增	运行条件
特征点温度 T_1	与 T_4/T_1 相关	与 T_1 相关	常数
特征点压力 p_1	无关	无关	不考虑

部件设计参数的影响如表 3-38 设计参数分析所示。循环效率 η 和输出比功 w 分别是压气机等熵效率 η_C 和透平等熵效率 η_T 的单调增函数，因此希望 η_C 和 η_T 值越大越好。在工业界，η_C 和 η_T 是随着气轮机技术的发展缓慢提高的，每个百分点的增加都很不容易，因此在优化分析中把 η_C 和 η_T 设定为常数。压气机压缩比 ε_C 是闭式布雷顿循环设计中最重要的设备参数，ε_C 存在二个最优值分别使循环效率 η 最大和输出比功 w 最大。ε_C 一般小于 3.0，因为氦气透平压气机特点之一是级数较多，如果压缩比过大级数过多，设计制造有困难。各传热子过程的压力恢复系数是通过总压力恢复系 ξ_t 数影响循环效率 η 和输出比功 w 的，η 和 w 是 ξ_t 单调增函数，因此希望减小循环系统的阻力增大 ξ_t，从而提高 η 和 w。但是，由于循环系统的几何尺寸和形状设计变化不能太大，阻力的下降很有限，因此在优化分析过程中 ξ_t 设定为常数。回热度 α 是仅次于压气机压缩比 ε_C 的重要设计参数，当 α 小于转折点，循环效率 η 是 α 的单调增函数，因此 α 越大越好。α 的取值受到转折点的限制，必须小于转折点。因为小于转折点，在优化过程中只要考虑 α 单独变化的影响，而忽略同时引起的总压力恢复系数 ξ_t 变化的影响。

表 3-38　设计参数分析

变量	η 和 w	取值或范围	优化过程中
η_C	单调增	0.89	常数
η_T	单调增	0.90	常数
ε_C	最优值	1.0～3.0	变化
ξ_t	单调增	0.98^5	常数
α	η 单调增	小于转折点	变化

另外，在闭式布雷顿循环设计中还需要额外考虑一个参数，反应堆入口温度 T_3。从回热器高压侧出来的气体进入反应堆，该气体直接和反应堆压力容器接触，过高的温度可能影响反应堆压力容器的安全，因此 T_3 必须小于安全限值。

3.11.2　优化计算

从数学上讲，优化过程就是多元函数求最大值的过程。对于循环效率 η 的优化，目标函数为式（3-65），自变量的定义域为式（3-102）：

$$\begin{cases} \varepsilon_C \in (1, 3) \\ \alpha \in (0.2, \alpha^*) \end{cases} \tag{3-102}$$

式中：α^* 为回热度转折点。

各参数的约束条件为：

$$\begin{cases}T_1 = 26 + 273.15\ \text{K} \\ T_4 < T_4{*} \\ \eta_C = 0.89 \\ \eta_T = 0.90 \\ \xi_t = 0.98^5 \\ T_4\{\alpha[1-\eta_T(1-(\varepsilon_C\xi_t)^{-\varphi_1})] + (1-\alpha)\tau_4^{-1}[\eta_C^{-1}(\varepsilon_C^{\varphi_2}-1)+1]\} < T_3{*}\end{cases} \qquad (3\text{-}103)$$

式中：$T_4{*}$ 为反应堆出口温度限值；$T_3{*}$ 为反应堆入口温度限值；φ_1 表示 $(k-1)/k$；φ_2 表示 $(k-1)/2k$。

因此，循环效率 η 的优化可以表达为，多元函数（3-65）在定义域（3-102）范围内在约束条件（3-103）条件下求解最大值。

同理，输出比功 w 的优化可以表达为，多元函数（3-64）在定义域（3-102）范围内在约束条件（3-103）条件下求解最大值。

多元函数（3-65）的函数关系式为：

$$\eta = \eta(T_4, \varepsilon_C, \alpha) \qquad (3\text{-}104)$$

可以通过 3 个变量的变化来观察 η 的特性，即循环最高温度 T_4、压气机压缩比 ε_C 和回热度 α，因此需要若干张二维图来表示 η 的特性，如图 3-38 和图 3-39 闭式布雷顿循环循环效率函数的特性图所示。

多元函数式（3-64）的函数关系形式为

$$w = w(T_4, \varepsilon_C) \qquad (3\text{-}105)$$

可以通过 2 个变量的变化来观察 w 的特性，即循环最高温度 T_4 和压气机压缩比 ε_C，因此只需要一张二维图来表示，如图 3-40 闭式布雷顿循环输出比功函数的特性图所示。

回热度 α 取转折点以下两个数据 0.95 和 0.85 分两张图分析循环效率 η 的特性，如图 3-38 和图 3-39 的循环效率函数的特性所示。η 是循环最高温度 T_4 的单调增函数，η 随着 T_4 的升高而升高。压气机压缩比 ε_C 存在优化点使得 η 为极大值，ε_C 优化值随着 T_4 的升高而增大，η 极大值也随着 T_4 的升高而增大。同时，反应堆入口温度 T_3 随着 T_4 的升高而升高，随着 ε_C 增大而降低。在转折点以下循环效率 η 是回热度 α 的单调增函数，比较图 3-38 和图 3-39，α 降低时循环效率函数基本特性都不变，只是 η 整体减小。α 为 0.85 时，η 极大值点的 ε_C 增大，部分点超出图 3-39 范围未标出。（为了方便阅读图中的温度换算成了摄氏温度）。

输出比功 w 的特性如图 3-40 的输出比功函数的特性所示。w 是循环最高温度 T_4 的单调增函数，w 随着 T_4 的升高而升高。压气机压缩比 ε_C 存在优化点使得 w 为极大值，ε_C 优化值随着 T_4 的升高而增大，w 极大值也随着 T_4 的升高而增大。同时，反应堆入口温度 T_3 随着 T_4 的升高而升高，随着 ε_C 增大而降低。输出比功 w 优化点的压缩比 ε_C 要远大于循环效率 η 优化点的压缩比，因此，输出比功 w 优化点的反应堆入口温度 T_3 要小

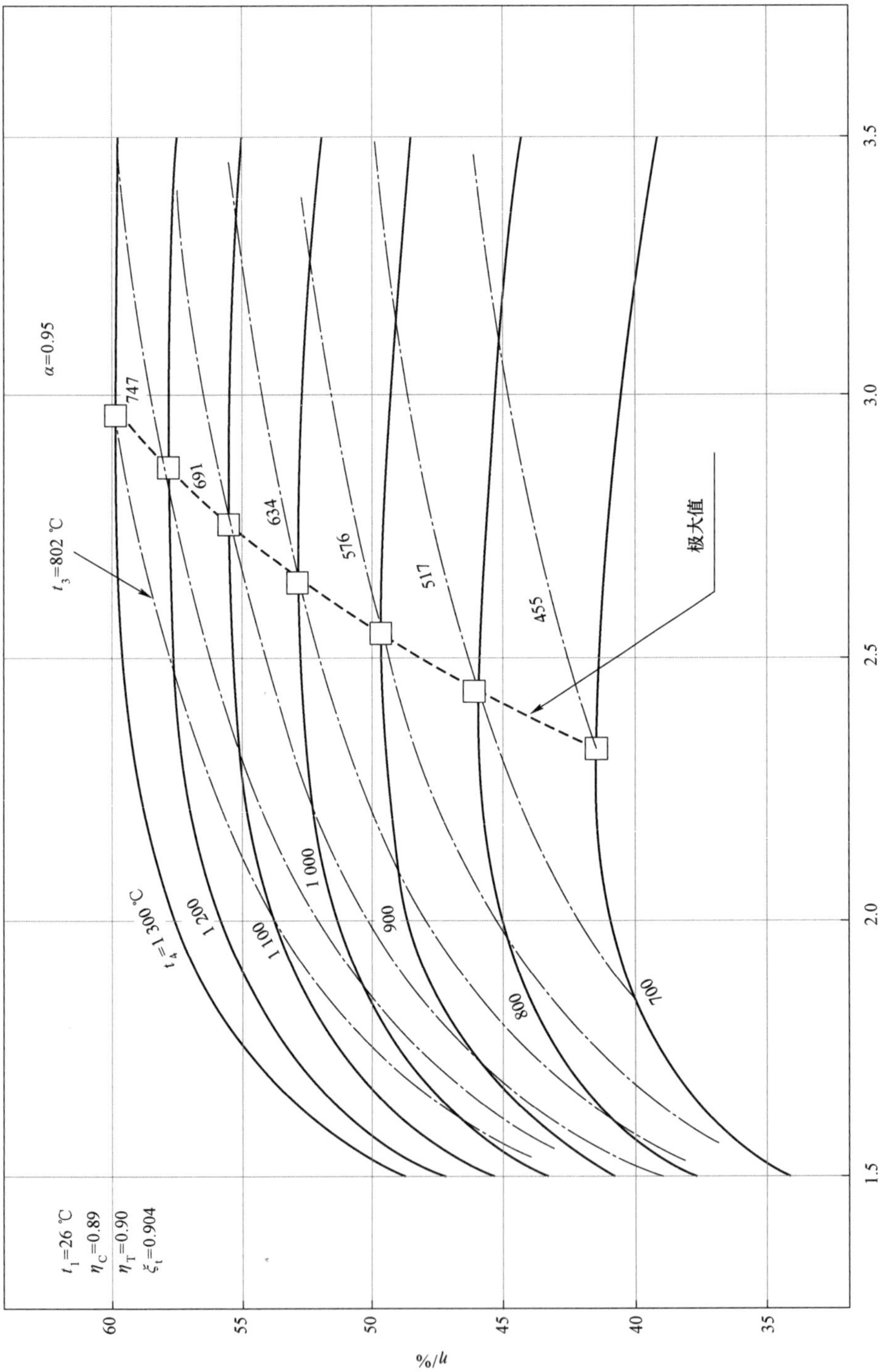

图 3-38　闭式布雷顿循环循环效率函数的特性图（α=0.95）

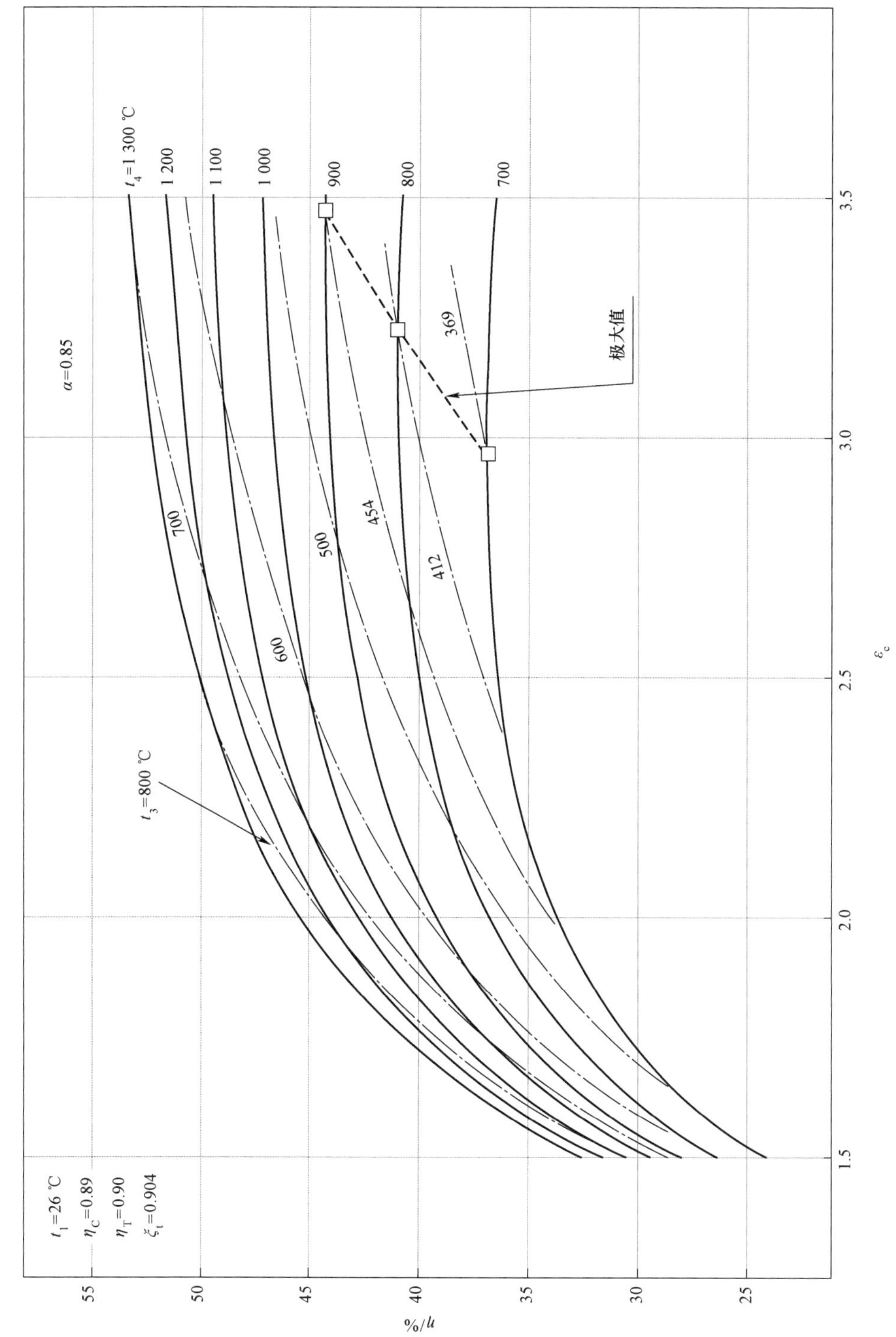

图 3-39　闭式布雷顿循环效率函数的特性图（α=0.85）

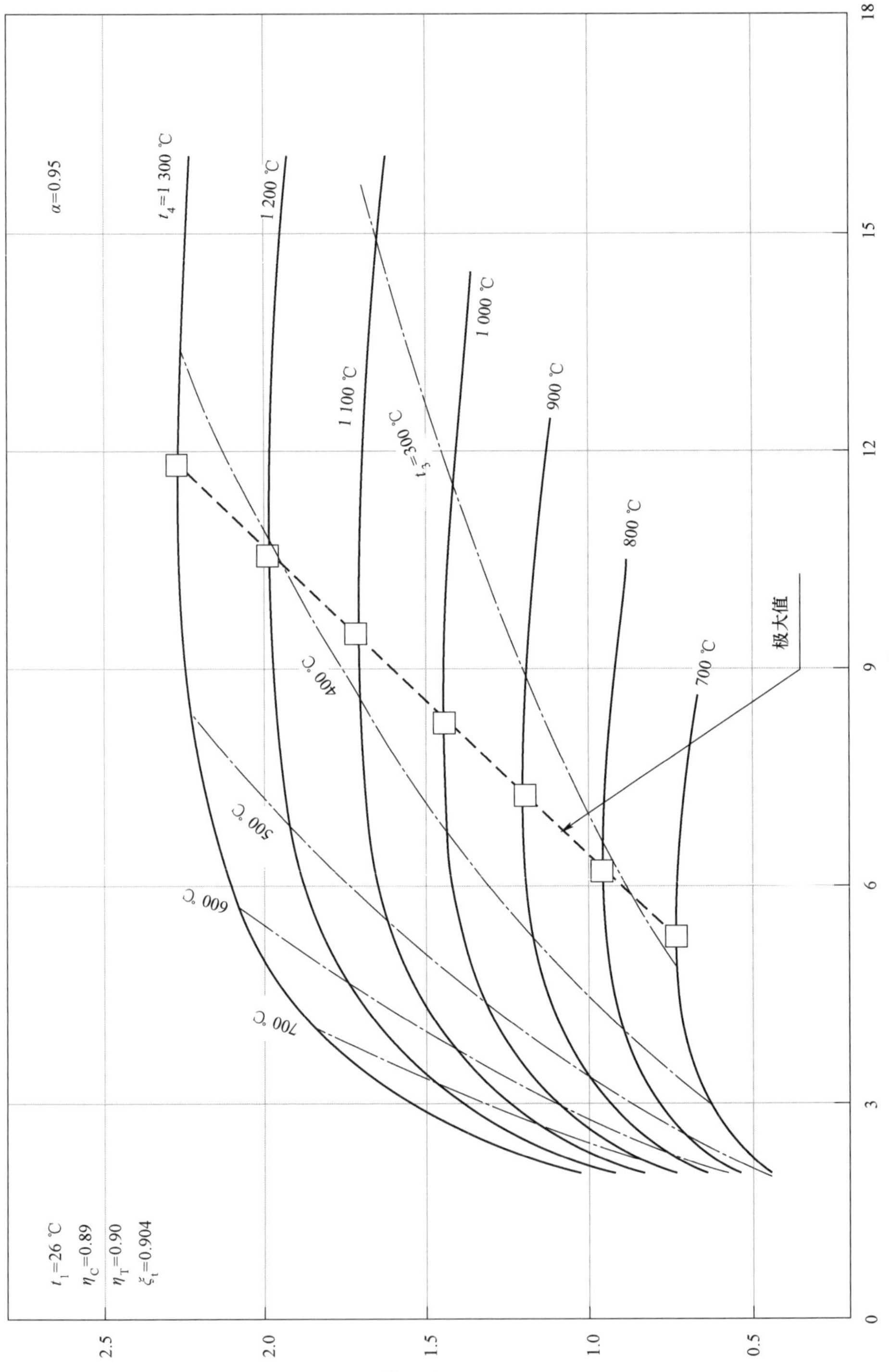

图 3-40　闭式布雷顿循环输出比功函数的特性图

于循环效率 η 优化点的压缩比。如果回热度 α 发生变化，图 3-40 中 w、T_4 和 ε_C 的值都不变，只是 T_3 的值要变化。（为了方便阅读图中的温度换算成了摄氏温度）。

反应堆入口温度 T_3 在系统的设计中非常重要，T_3 的特点如图 3-41 和图 3-42 反应堆入口温度与总压缩比的关系所示。t_3 随压气机压缩比 ε_C 的增加而下降，随反应堆出口温度 t_4 的升高而升高，并随回热度 α 的增加而升高。

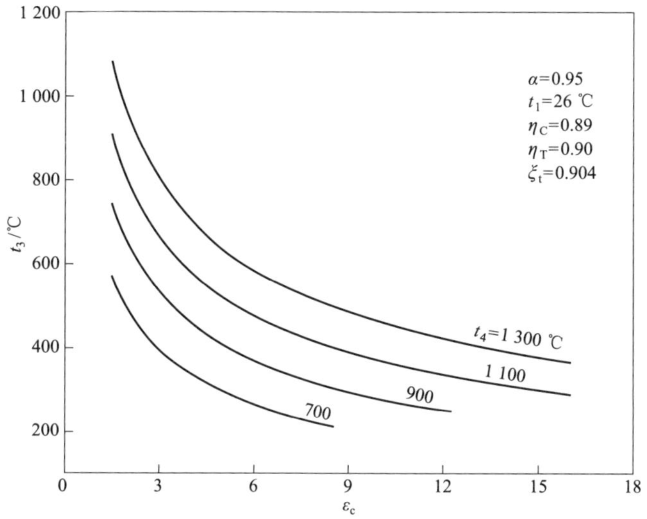

图 3-41　反应堆入口温度与总压缩比的关系（t_4 变化）

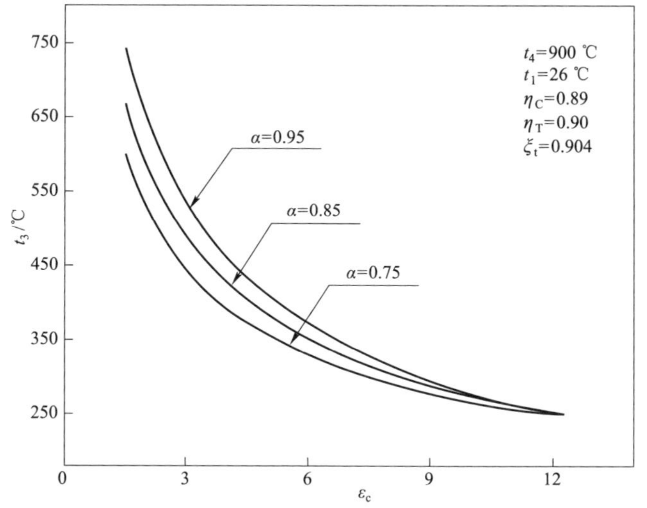

图 3-42　反应堆入口温度与总压缩比的关系（α 变化）

图 3-38 至图 3-40 以外的变量，循环最低温度 T_1、压气机等熵效率 η_C、透平等熵效率 η_T 和总压力恢复系数 ξ_t，自身的变化很小，如果有变化与循环效率 η 和输出比功 w 的关系也比较简单。T_1 升高 η 和 w 下降，η_C 和 η_T 增大 η 和 w 增大，ξ_t 增大 η 和 w 增大。

在实际的优化过程中，循环最低温度 T_1 由客观自然条件决定，压气机等熵效率 η_C 和透平等熵效率 η_T 由当今工业水平决定，总压力恢复系数 ξ_t 主要有空间布置和几何尺寸的限制决定。循环最高温度 T_4 由反应堆安全性和透平叶片材料特性决定，一般是由设计任务给定的。在转折点以下，回热度 α 尽可能选大一些，但是同时要考虑回热器体积的增大对系统布置的影响。压气机压缩比 ε_C 尽可能选优化点的值，同时应当考虑压缩比增大对氦气透平压气机组的研制带来的影响。参考当前的工业水平，低压和高压两级压气机的氦气透平压气机组，压缩比 ε_C 小于 3.0 比较合适。当反应堆出口温度 t_4 为 900 ℃时，如果目标是循环效率 η 的优化，优化结果是压缩比 ε_C 为 2.54 小于 3.0，循环效率 η 为 49.7%，此时压力容器入口温度 t_3 为 576 ℃需要内壁冷却。如果目标是输出比功 w 的优化，优化结果是压缩比 ε_C 为 7.22 远大于 3.0，氦气透平压气机组的研制面临新的挑战，输出比功 w 为 1.202 MJ/kg，此时压力容器入口温度 t_3 为 336 ℃，视压力容器的材料而定是否需要内壁冷却。

考察表 3-12 参考算例有量纲方程求解结果，压气机压缩比 ε_C 为 2.50 小于优化点的 2.54，但是循环效率 η 几乎相同为 49.7%（小数点后第二位开始不同），压气机压缩比减少和透平膨胀比减少降低了研制难度，循环效率却几乎没有下降，这是一个根据工程实际情况的优化结果。此时，反应堆进口温度为 581 ℃略有提高。

思考题

1. 从第 2 章的思考题 2-1 得到的 19 个有量纲守恒方程的一般形式推导表 3-1 的闭式布雷顿循环有量纲方程组，分析讨论表 3-2（2）的换热流道参数 ξ_j 和 α 包含哪些因素。

2. 试选择一个节点 1 以外的节点作为热力循环特征点，从表 3-1 的闭式布雷顿循环有量纲方程组推导出新的表 3-3 无量纲方程组和新的表 3-4 无量纲方程组解析解，并与现有的无量纲方程组和无量纲解析解相比较。

3. 假设第 3.5 节的参考算例的循环最高温度 t_4 为 700 ℃或 1 100 ℃，分别计算这两个循环并与 t_4 为 900 ℃的结果相比较，注意观察节点温度 T_i、τ_i 和压力 p_i、π_i 以及循环效率 η 和输出比功 w 的变化。

4. 对于一个闭式布雷顿循环系统，如果特征点温度 T_1 和最高温度 T_4 一定，推导系统工质充装量 M 与特征点压力 p_1 成正比。

5. 推导式（3-80）和式（3-82）时的假设的根据是什么，试分析。

6. 假设传热单元数 NTU 与回热度 α 的关系为 $\mathrm{NTU}=f(\alpha)$，试推导新的式（3-90）。

7. 如果利用氮气替代氦气或空气进行相同的闭式布雷顿循环，试比较这三种气体

循环的压缩比 ε_C、总压力恢复系数 ξ_t 和循环效率 η，以及质量输出比功 w 和摩尔输出比功 $\hat{w}$ 的差别。

8. 如果循环最高温度 t_4 为 700 ℃或 1 100 ℃，试以闭式布雷顿循环效率 η 为优化目标进行优化计算，其结果与 t_4 为 900 ℃的结果进行比较，重点观察循环效率 η，堆芯入口温度 t_3 和压缩比 ε_C 的变化。

第 4 章
变工况过程和控制方法

本章分析和阐述闭式布雷顿循环的变工况过程特性，并运用具有工程背景的控制方法算例进行具体的说明。数学模型对应于第 2 章的式（2-11），理论自由度为 4 个，即低压压气机入口（循环特征点）压力 p_1 和热力学温度 T_1 、反应堆堆芯出口温度 T_4 以及旁路阀分流率 β，实际自由度变为 3 个，即 p_1、 T_4 和 β。无量纲自由度为 3 个，即低压压气机入口压力与额定工况时的比值 $p_1 / p_{1,0}$、堆芯出口温度与低压压气机入口温度比值 $\tau_4(=T_4 / T_1)$，以及旁路阀分流率 β。本章分析计算的主要方法和内容归纳在第 2 章的表 2-1 闭式布雷顿循环分析的物理和数学模型之中。

4.1 非稳态守恒方程

第 2 章的图 2-5 闭式布雷顿循环分析示意图和图 2-7 闭式布雷顿循环分析流程图显示，闭式布雷顿循环系统需要 19 个守恒方程来描述，包括 7 个连续方程，5 个能量方程和 7 个动量方程，这些方程的一般形式是非稳态守恒方程，即微分方程中包含动态项。在闭式布雷顿循环系统流道的场景中，动态项对整个守恒方程的影响非常小，并且在十分之一秒或百分之一秒的时间量级便会消失，因此可以用稳态形式的守恒方程组描写闭式布雷顿循环系统的变工况过程和动态过程。

4.1.1 守恒方程的动态项

闭式布雷顿循环变工况过程和动态过程中，各子过程工质气体的流动和传热由非稳态的连续方程、动量方程和能量方程三个守恒方程描述。因此，有必要对三个守恒方程的动态项进行分析和观察，这里通过一维流动模型考察非稳态流动的动态特性，适当简化后非稳态连续方程、动量方程和能量方程的各物理项如表 4-1 所示。

表 4-1 非稳态连续方程、动量方程和能量方程的各物理项

守恒方程	动态项	对流项	扩散项	源项
连续方程	$\dfrac{\partial\rho}{\partial\tau}$	$\dfrac{\partial(\rho u)}{\partial x}$	—	—

续表

守恒方程	动态项	对流项	扩散项	源项
动量方程	$\frac{\partial(\rho u)}{\partial \tau}$	$\frac{\partial(\rho uu)}{\partial x}$	$-\frac{fr}{L}$	$-\frac{\partial p}{\partial x}$
能量方程	$\frac{\partial(\rho \hat{u})}{\partial \tau}$	$\frac{\partial(\rho hu)}{\partial x}$	—	$\frac{q}{L}$

注：ρ：密度，u：速度，h：比焓，$\hat{u}$：内能，fr：摩擦力，p：压力，q：热量，τ：时间，x：一维坐标，L：控制体长度。

非稳态连续方程相对简单，包含动态项和对流项。非稳态动量方程除了动态项和对流项外，还包含扩散项和源项，即阻力项和压差项。同样，非稳态能量方程除了动态项和对流项外，还包含源项，即加热或冷却的热量，扩散项（导热）较小忽略不计。

闭式布雷顿循环流道分为两类，一类是换热器流道，流速较低非稳态效应相对明显；另一类是叶轮机械流道，流速较高非稳态效应相对较弱。首先选择一维的换热器流道进行考察（图 4-1），其结果再推广到叶轮机械流道。

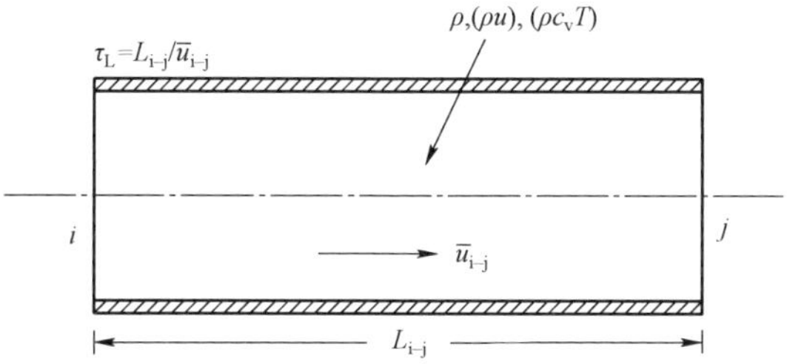

图 4-1 换热器流道控制体

针对表 4-1 中各物理项沿控制体流动的长度方向进行积分，可以得到非稳态的连续方程、动量方程和能量方程如式（4-1）、式（4-2）和式（4-3）：

$$L_{i-j}\frac{\partial \overline{\rho}_{i-j}}{\partial \tau}+[(\rho u)_j-(\rho u)_i]=0 \tag{4-1}$$

$$L_{i-j}\frac{\partial (\overline{\rho u})_{i-j}}{\partial \tau}+[(\rho uu)_j-(\rho uu)_i]+fr_{i-j}+(p_j-p_i)=0 \tag{4-2}$$

$$L_{i-j}\frac{c_p}{k}\frac{\partial (\overline{\rho T})_{i-j}}{\partial \tau}+[c_p(\rho uT)_j-c_p(\rho uT)_i]-q_{i-j}=0 \tag{4-3}$$

式中：ρ 为密度；u 为流速；T 为温度；下标 i 为控制体入口；j 为出口；$i-j$ 为控制体平均值；变量 L_{i-j} 为控制体长度。

在上述三个非稳态守恒方程中，我们着重考察这些方程的动态特性，也就是动态项的变化特性。影响动态项变化的因素很复杂，为了提取主要的影响因素，首先选取方程相对简单的非稳态连续方程进行分析，同时假设独立于其余两个守恒方程。

定义流体流经控制体时间 τ_L 为特征时间：

$$\tau_L=\frac{L_{i-j}}{\overline{u}_{i-j}} \tag{4-4}$$

非稳态连续方程可以近似为式（4-5）：

$$\begin{cases}\tau_{\mathrm{L}}\dfrac{\partial\bar{\rho}_{\mathrm{i-j}}(\tau)}{\partial\tau}=\rho_{\mathrm{i}}-\rho_{\mathrm{j}}(\tau)\\ \tau=0,\ \rho_{\mathrm{j}}(0)=\rho_{0}<\rho_{\mathrm{i}}\end{cases}\tag{4-5}$$

在控制体入口处，流体的密度为ρ_{i}且保持恒定；在控制体出口处，当$\tau=0$时$\rho_{\mathrm{j}}=\rho_{0}$且小于$\rho_{\mathrm{i}}$。随着时间的推移，出口处$\rho_{\mathrm{j}}$逐渐增大，当$\tau\to\infty$时，$\rho_{\mathrm{j}}\to\rho_{\mathrm{i}}$。与流体的平均密度$\bar{\rho}_{\mathrm{i-j}}$相比，$\rho_{\mathrm{j}}$的变化趋势与$\bar{\rho}_{\mathrm{i-j}}$是一致的，但是$\rho_{\mathrm{j}}$的变化速率相对慢一些。因此，我们再做一次近似，通过观察ρ_{j}的动态变化预测$\bar{\rho}_{\mathrm{i-j}}$的动态变化。

$$\begin{cases}\tau_{\mathrm{L}}\dfrac{\partial\rho_{\mathrm{j}}(\tau)}{\partial\tau}=\rho_{\mathrm{i}}-\rho_{\mathrm{j}}(\tau)\\ \tau=0,\ \rho_{\mathrm{j}}(0)=\rho_{0}<\rho_{\mathrm{i}}\end{cases}\tag{4-6}$$

定义无量纲参数y：

$$y=\frac{\rho_{\mathrm{j}}}{\rho_{\mathrm{i}}}\tag{4-7}$$

即控制体出口处密度与稳态值的比值，式（4-6）改写为式（4-8）：

$$\begin{cases}y'\left(\dfrac{\tau}{\tau_{\mathrm{L}}}\right)+y\left(\dfrac{\tau}{\tau_{\mathrm{L}}}\right)=1\\ \dfrac{\tau}{\tau_{\mathrm{L}}}=0,\ y=y_{0}\end{cases}\tag{4-8}$$

式中：τ/τ_{L}是无量纲时间。

可以看出，非稳态连续方程控制体出口处无量纲密度y是无量纲时间τ/τ_{L}的函数。因为控制体的平均密度和出口处密度的变化趋势一致，可以推断，在实际的流动问题中控制体中流体密度的变化主要受无量纲时间τ/τ_{L}的影响。

微分方程（4-8）的解为式（4-9），函数图形如图 4-2 简化的连续方程的动态变化特性所示，其中的关键节点参数标注在表 4-2 中。

$$y=1-(1-y_{0})\exp\left(-\frac{\tau}{\tau_{\mathrm{L}}}\right)\tag{4-9}$$

表 4-2　简化的连续方程的动态变化特性

$\dfrac{\tau}{\tau_L}$	y $(y_0=0)$	y $(y_0=0.5)$	y $(y_0=0.8)$	$\dfrac{y-y_0}{1-y_0}$
0.00	0.00	0.50	0.80	0.00
1.61	0.80	0.90	0.96	0.80
2.31	0.90	0.95	0.98	0.90
3.00	0.95	0.98	0.99	0.95

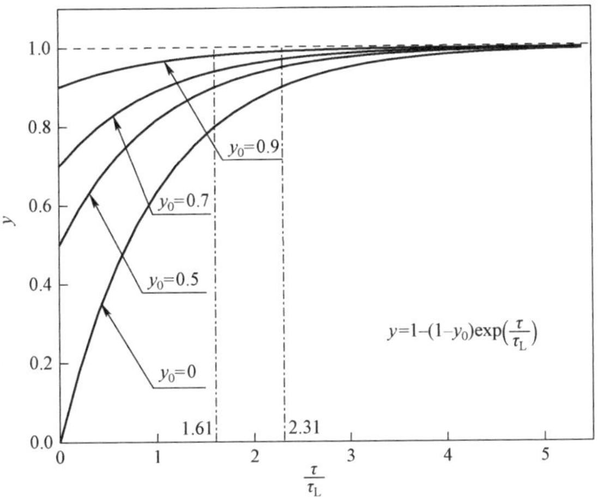

图 4-2　简化的连续方程的动态变化特性

式（4-9）表示了独立的连续方程在控制体出口处相对密度的变化规律，若对时间求导也可以近似为动态项的变化规律。y 是无量纲时间 τ/τ_L 的单调增函数，当 τ/τ_L 为 1.61 时，y 的相对变化已达 80%，2.31 时，为 90%，3.00 时达到 95%。也就是说，流体流过控制体 2 次或 3 次，控制体内的密度变化基本趋于稳定。公式（4-9）虽然是通过一系列假设和简化得来的，但是给出了一个重要结论，影响非稳态连续方程动态项特性的主要因素是以流体流经控制体的时间为分母的无量纲时间 τ/τ_L。

相比连续方程，动量方程和能量方程比较复杂，除了动态项和对流项外还有扩散项和源项。但是仔细观察动量方程和能量方程的动态项都含有密度，说明连续方程动态项对于动量方程和能量方程动态项的影响比较明显。

工程界的经验表明，在工业领域中工质气体的连续方程、动量方程和能量方程的动态项的主要影响因素是无量纲时间 τ/τ_L。

4.1.2　守恒方程动态项的算例

下面介绍管内非稳态流动的一个算例，以便观察连续方程、动量方程和能量方程动态项的变化特点，由胡庆祥同学提供。

参考图 4-1 换热器流道控制体示意图，氦气流经管子内部，管壁均匀加热。管子直径为 15 mm，长度为 150 mm。初始状态，氦气为静止状态，压力 3.0 MPa，温度为 0 ℃；入口处，速度的径向分布按充分发展流分布，是雷诺数 Re 的函数，压力为 3.0 MPa，温度为 80 ℃；管壁处，恒定热流密度加热。

初始条件：

$$\tau = 0$$
$$u(0, x, r) = 0$$
$$p(0, x, r) = 3.0\ \text{MPa}$$
$$t(0, x, r) = 0\ ℃$$

边界条件：

$$x=0$$
$$u(\tau,0,r)=u_0(r,Re)\text{（充分发展流分布）}$$
$$p(\tau,0,r)=3.0\ \text{MPa}$$
$$t(\tau,0,r)=80\ ℃$$
$$r=R$$
$$q(\tau,x,R)=3\times10^4\ \text{W/m}^2$$

联立求解非稳态的连续方程、动量方程和能量方程，求得管内的密度、动量和内能的变化，并取中间截面的平均值作为整个管道的平均值，如图 4-3 至图 4-5 所示。管内的密度随时间的增大而下降（图 4-3），当无量纲时间 τ/τ_L 为 0.5 时，密度已经接近稳态值了，1.0 时几乎就是稳态值了。与密度变化相似，管内的动量也随时间的增大而下降（图 4-4），当 τ/τ_L 为 0.5 时，动量已经接近稳态值了，1.0 时几乎就是稳态值了。管内的内能变化趋势与前两者不同，随着时间的增大而增大，而且增长速度很快（图 4-5），当 τ/τ_L 为 0.5 时内能与稳态值相差已经很小了（注意纵坐标变化量很小）。

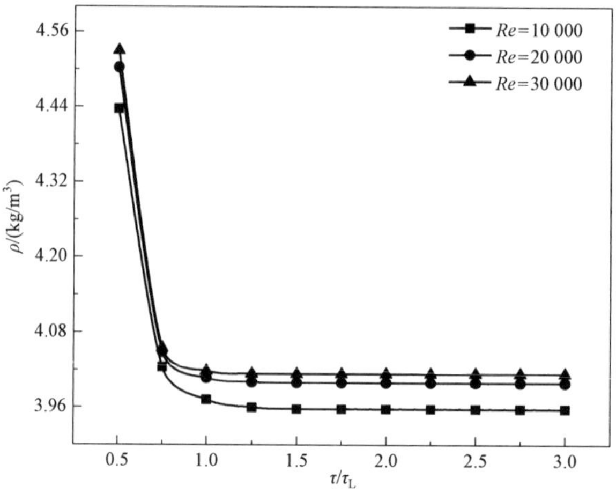

图 4-3　换热器流道控制体中密度的变化

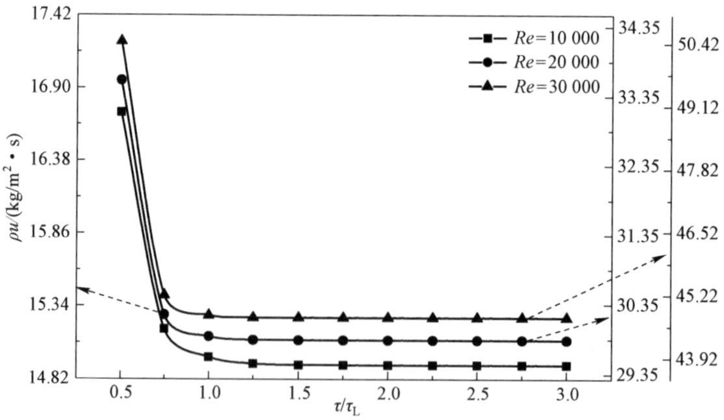

图 4-4　换热器流道控制体中动量的变化

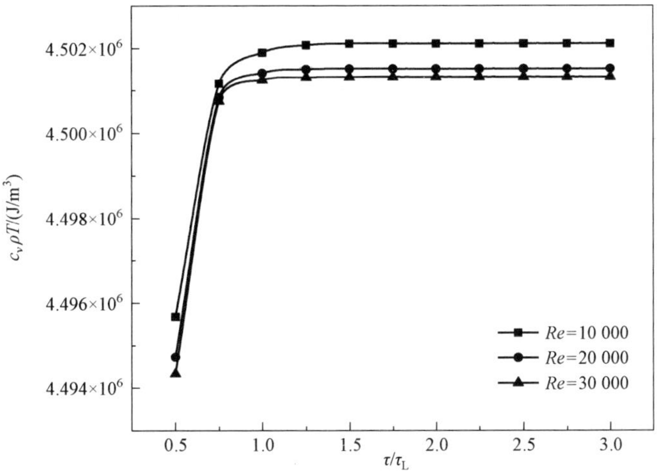

图 4-5　换热器流道控制体中内能的变化

为了便于观察把计算结果转换成管内平均的密度、动量和内能与稳态值之差的相对值，如图 4-6 至图 4-8 所示。当 τ/τ_L 为 0.5 时，管内密度和动量与稳态值相对差值只剩下约 13%，1.0 时小于 1%（图 4-6 和图 4-7）。管内内能与稳态值相对差值变化更快，当 τ/τ_L 为 0.5 时，只剩下约 0.16%，1.0 时几乎为 0 了（图 4-8）。这个算例的变化趋势与前述简化算例式（4-9）是一致的，但是变化速度更快一些。

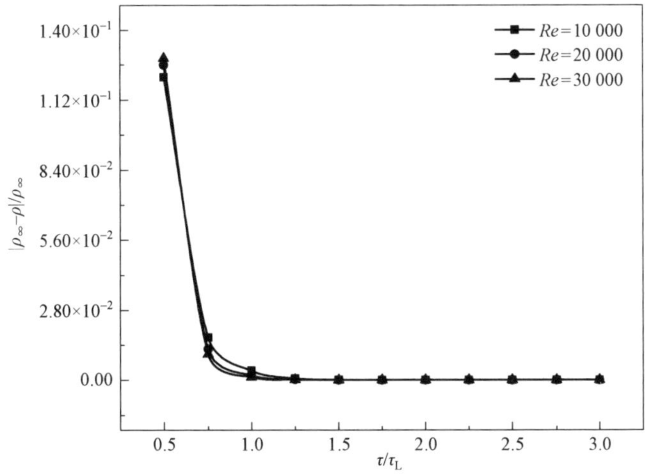

图 4-6　换热器流道控制体中密度的相对变化

这个算例的情景比较复杂，而且是三个非稳态守恒方程联立求解，但是结果显示主要特性与前述简化算例是一致的，就是三个守恒方程动态项随着无量纲时间 τ/τ_L 的增长迅速趋近于 0。

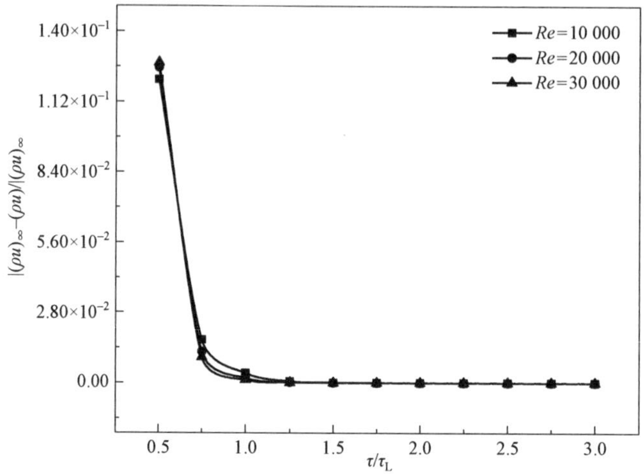

图 4-7　换热器流道控制体中动量的相对变化

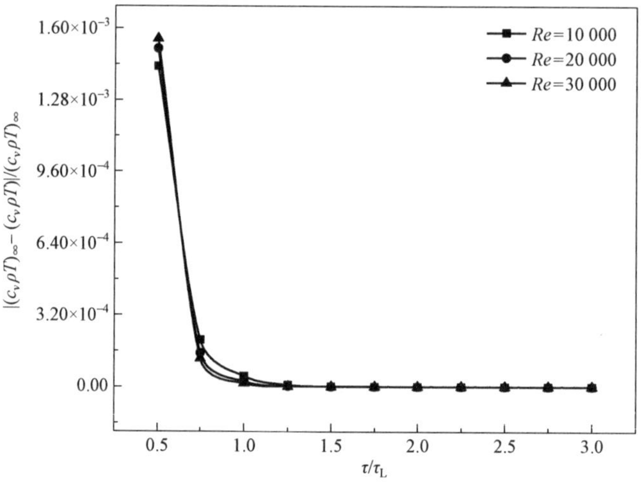

图 4-8　换热器流道控制体中内能的相对变化

4.1.3　稳态守恒方程的运用

高温气冷堆氦气透平循环发电系统中，对于换热部件，几何尺度一般在 10^0 m 量级，流速在 10^1 m/s 的量级，特征时间 τ_L 则在 10^{-1} s 量级，因此连续方程、动量方程和能量方程的动态项可以不考虑。对于压气机和透平，几何尺度在 10^{-1} 至 10^0 m 量级，流速却在 10^2 m/s 的量级，特征时间 τ_L 在 10^{-3} 至 10^{-2} s 量级，更不需要考虑三个守恒方程的动态项。因此，本书在闭式布雷顿循环的变工况和动态分析中，工质气体的连续方程、动量方程和能量方程均采用稳态方程的形式。

在本书学习的基础上，读者若想要进一步深入探索闭式布雷顿循环的动态特性，此时对于换热流道可以采用非稳态守恒方程，对于叶轮机械流道仍然可以采用稳态守恒方程。

4.2　压气机和透平性能简介

压气机性能示意图如图 4-9 所示[5]，横坐标为折合流量 $\dot{m}_1\sqrt{T_1}/p_1$，纵坐标为压缩比 ε_{LC}，一族实线曲线为折合转速 $n/\sqrt{T_1}$ 曲线，其值从左下方上升到右上方，虚线等高线为等熵效率 η_{LC} 曲线，其值从外围上升到中心，上方外侧点划线为喘振线。

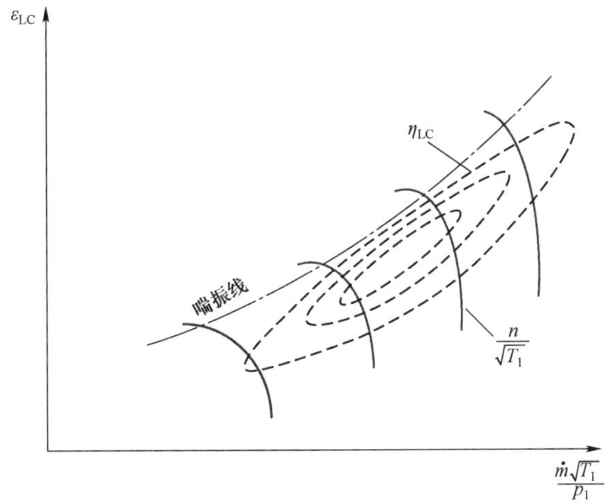

图 4-9　压气机性能示意图

如果工作点确定了就可以从图中读取压缩比 ε_{LC}（或 ε_{HC}）和等熵效率 η_{LC}（或 η_{HC}）的数值。压气机的工作点由 2 个参数决定，即折合流量 $\dot{m}_1\sqrt{T_1}/p_1$ 和折合转速 $n/\sqrt{T_1}$，因此，压气机的性能可以表示为式（4-10）和式（4-11）：

$$\varepsilon_{LC}=\varepsilon_{LC}\left(\frac{n}{\sqrt{T_1}},\frac{\dot{m}_1\sqrt{T_1}}{p_1}\right) \tag{4-10}$$

$$\eta_{LC}=\eta_{LC}\left(\frac{n}{\sqrt{T_1}},\frac{\dot{m}_1\sqrt{T_1}}{p_1}\right) \tag{4-11}$$

在额定工况和变工况条件下，高温气冷堆氦气透平循环发电系统与外电网相连，氦气透平发电机组的转速 n 是常数，由此可得，压气机的体积流量 $\dot{v}$ 也是常数。由于压气机入口温度 T_1 主要由环境温度决定，因此可以认为 T_1 也是常数。

折合转速 $n/\sqrt{T_1}$ 所含的 2 个因子为常数，所以折合转速 $n/\sqrt{T_1}$ 为常数：

$$\frac{n}{\sqrt{T_1}}=\text{const.} \tag{4-12}$$

压气机入口质量流量 $\dot{m}_1$ 可以表示为密度和体积流量的乘积 $\rho_1\dot{v}_1$，代入折合流量 $\dot{m}_1\sqrt{T_1}/p_1$ 关系式：

$$\frac{\dot{m}_1\sqrt{T_1}}{p_1}=\frac{\rho_1\dot{v}_1\sqrt{T_1}}{p_1} \tag{4-13}$$

式（4-13）中再代入理想气体关系式：

$$\frac{\dot{m}_1\sqrt{T_1}}{p_1}=\frac{\dot{v}_1}{R\sqrt{T_1}} \tag{4-14}$$

式中：R 为气体常数。

式（4-14）折合流量 $\dot{m}_1\sqrt{T_1}/p_1$ 所含的 2 个因子为常数，所以折合流量 $\dot{m}_1\sqrt{T_1}/p_1$ 为常数：

$$\frac{\dot{m}_1\sqrt{T_1}}{p_1}=\text{const.} \tag{4-15}$$

在闭式布雷顿循环的稳态过程和变工况过程中，压气机的折合流量 $\dot{m}_1\sqrt{T_1}/p_1$ 和折合转速 $n/\sqrt{T_1}$ 为常数，也就是工作点不变，根据式（4-10）和式（4-11）压缩比 ε_{LC}（或 ε_{HC}）为常数，等熵效率 η_{LC}（或 η_{HC}）为常数。

在闭式布雷顿循环的分析中，根据式（3-60），透平的膨胀比 π_T 为压气机的总压缩比 $\varepsilon_{\text{LC}}\varepsilon_{\text{HC}}$ 和循环回路的总压力恢复系数 ξ_t 的乘积：

$$\pi_{\text{T}}=\varepsilon_{\text{LC}}\varepsilon_{\text{HC}}\xi_t$$

若 π_{T} 在透平的设计范围内，等熵效率 η_{T} 变化不大。在闭式布雷顿循环的稳态过程和变工况过程中，透平等熵效率 η_{T} 可以假设为是常数。

因此，在闭式布雷顿循环的稳态过程和变工况过程分析中，表 3-2（1）的 5 个设计参数，即低压压气机压缩比 ε_{LC}、低压压气机等熵效率 η_{LC}、高压压气机压缩比 ε_{HC}、高压压气机等熵效率 η_{HC} 和透平等熵效率 η_{T}，均为常数。

4.3 循环系统分析方法

第 3 章的图 3-2 的无分流闭式布雷顿循环分析示意图中，连续方程自然成立，联立求解动量方程和能量方程即可。相比之下，本章的图 4-10 的有分流闭式布雷顿循环分析示意图中，连续方程需要重新推导，并且与动量方程和能量方程联立求解，旁路分流支路还要单独增加连续方程、动量方程和能量方程。

4.3.1 分流与守恒方程

闭式布雷顿循环的变工况过程和动态过程涉及旁路阀的使用，参考第 2 章的图 2-6 旁路阀子过程分析示意图和图 2-5 闭式布雷顿循环分析示意图，推导并建立闭式布雷顿循环的变工况过程和动态过程分析模型。

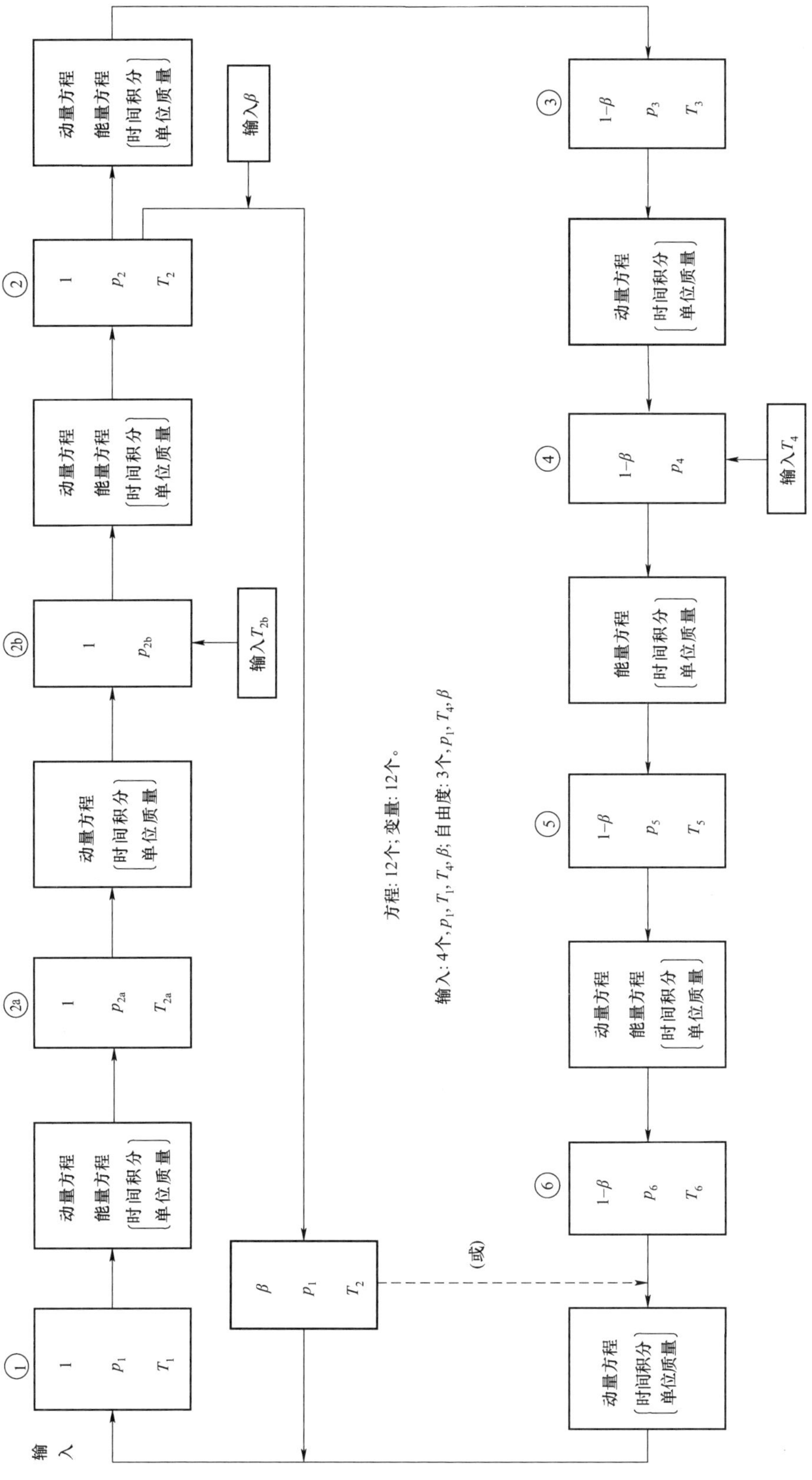

图 4-10　有分流闭式布雷顿循环分析示意图

（1）分流与连续方程

若以低压压气机入口质量流量 $\dot{m}_1$ 为参照基准，根据质量守恒原理，各子过程的质量流量 $\dot{m}_j$ 可以表示为式（4-16）：

$$\dot{m}_j=\sigma_j\dot{m}_1$$

$$\sigma_j=\begin{cases}1 & j=1-2\text{a},2\text{a}-2\text{b},2\text{b}-2\\1-\beta & j=2-3,3-4,4-5,5-6\end{cases}\tag{4-16}$$

式中：σ_j 为无量纲流量；β 为旁路阀的分流率。

额定工况时旁路阀关闭，各子过程的质量流量 $\dot{m}_{j,0}$ 为式（4-17）：

$$\dot{m}_{j,0}=\dot{m}_{1,0}\qquad j=1-2\text{a},2\text{a}-2\text{b},\cdots,5-6\tag{4-17}$$

式中：下标 0 指额定工况。

各节点的质量流量 $\dot{m}_i$ 也可以用类似方法求得式（4-18）：

$$\dot{m}_i=\sigma_i\dot{m}_1$$

$$\sigma_i=\begin{cases}1 & i=1,2\text{a},\ 2\text{b},2\\1-\beta & i=3,4,5,6\end{cases}\tag{4-18}$$

若以低压压气机入口质量流量 $\dot{m}_1$ 除以各节点的质量流量 $\dot{m}_i$，各节点的相对质量流量可以表示为 1 或 $(1-\beta)$，如图 4-10 有分流闭式布雷顿循环分析示意图所示。

（2）分流与能量方程

旁路阀相当于一个节流件，流经旁路阀的流体是等焓流动。旁路阀开启时，质量流量为 $\beta\dot{m}_1$ 温度为 T_2 的旁路流体加入质量流量为 $(1-\beta)\dot{m}_1$ 温度为 T_1 的主流体，根据能量守恒原理，低压压气机实际入口温度 T_1^* 应该为：

$$T_1^*=T_1+\beta(T_2-T_1)\tag{4-19}$$

如果无分流时低压压气机入口温度 t_1 为 26 ℃，高压压气机出口温度 t_2 为 96 ℃。分流率为 0.4 时，则温差 $\beta(T_2-T_1)$ 为 28 ℃，低压压气机实际入口温度 t_1^* 为 54 ℃。

低压压气机的工作点由折合流量和折合转速决定，分别与实际入口温度 T_1^* 的 $1/\sqrt{T_1^*}$ 成正比，28 ℃的温差造成的折合流量和折合转速的偏差小于 5%。也就是说通常情况下，旁路引起的低压压气机工作点位置的变化小于 5%。在本书的分析计算中，忽略由此引起的误差，旁路阀开启时低压压气机入口温度取 T_1 的值。

在实际的旁路阀开启的运行过程中，可以适当增大预冷器水侧的流量，以降低氦气出口温度，抵消旁路流量带来的温升影响。也可以在实际的闭式布雷顿循环系统的设计中，根据实际情况选择旁路支路的出口为预冷器入口，减少旁路流量带来的温升影响，如图 4-10 中虚线所示。

（3）分流与动量方程

如前所述，旁路阀相当于一个节流件，压力为 p_2 流体经过旁路阀后膨胀到背压 p_1。实际上背压 p_1 的流体处于有限空间，旁路阀开启时压力会略有上升，因为变化量比较小在本书的分析计算中不予以考虑。

4.3.2　系统分析方法

闭式布雷顿循环的变工况过程和动态过程的各子过程的连续方程的分析如上所述，动量方程和能量方程部分，采用与第 3 章同样的分析方法得到与图 3-2 无分流闭式布雷顿循环分析示意图中同样的结果。

整个闭式布雷顿循环的变工况过程和动态过程的分析方案如图 4-10 有分流闭式布雷顿循环分析示意图所示。7 个有量纲和无量纲连续方程如式（4-16），7 个节点有量纲和无量纲变量如式（4-18）所示，另外，有量纲和无量纲赋值 $\dot{m}_1$ 和 1 并入式（4-18）。动量方程和能量方程如图 4-10 所示，共 12 个方程，12 个变量。系统的输入参数有 4 个，即循环特征点压力 p_1 和温度 T_1，循环最高温度 T_4，以及旁路阀分流率 β。实际自由度有 3 个，p_1、T_4 和 β。

4.3.3　数学方程组和结果

（1）数学方程组

闭式布雷顿循环的变工况过程和动态过程的连续方程如式（4-16）所示，方程的解如式（4-18）所示。关于动量方程和能量方程，采用与第 3 章的各子过程守恒方程相同的推导方法，得到的结果与第 3 章的数学方程组的结果一致，闭式布雷顿循环有量纲方程组如表 3-1，无量纲方程组如表 3-3，方程所需设计参数和工质物性参数如表 3-2，以上结果归总在表 4-3 闭式布雷顿循环守恒方程中。

表 4-3　闭式布雷顿循环守恒方程

守恒方程		稳态过程	变工况和动态过程
连续方程	有量纲	自然成立	$\dot{m}_i = \sigma_i \dot{m}_1 \quad i = 1, 2\text{a}, \cdots, 6$
	无量纲	自然成立	$\sigma_i = \begin{cases} 1 & i = 1, 2\text{a}, 2\text{b}, 2 \\ 1-\beta & i = 3, 4, 5, 6 \end{cases}$
动量方程 能量方程	有量纲	表 3-1 有量纲方程	
	无量纲	表 3-3 无量纲方程	
方程参数		表 3-2 设计参数和物性参数	

采用与第 3 章的式（3-20）至式（3-24）相同的方法分析表 4-3 可以得到解的形式：

$$\boldsymbol{X} = \boldsymbol{X}(p_1, T_1, T_4, \beta) \tag{4-20}$$

理论自由度是 4 个，实际自由度是 3 个。

（2）基本结果和衍生结果

采用与第 3 章相同的方法解表 4-3 中的动量方程和能量方程，得到的结果与第 3 章的结果相同，无量纲方程的解析解如表 3-4，有量纲方程的解析解如表 3-5。以上为闭式布雷顿循环的变工况过程和动态过程的基本结果，归总在表 4-4 闭式布雷顿循环基本结果和衍生结果中。

表 4-4　闭式布雷顿循环基本结果和衍生结果

	稳态过程	变工况和动态过程
基本结果	表 3-4 无量纲方程解析解	
	表 3-5 有量纲方程解析解	
衍生结果	表 3-6 无量纲温差	
	表 3-7 比焓差比功效率	表 4-5 比焓差比功效率
	表 3-8 总功	表 4-6 总功

在此基础上，计算各子过程的无量纲温差，也就是无量纲做功和传热，结果与表 3-6 相同。各子过程的比焓差也与表 3-7 相同，但是输出比功和循环效率定义不同。带有分流的闭式布雷顿循环系统的输出比功 w 和循环效率 η 的定义见表 4-5，如果分流率 β 为 0 其结果与表 3-7 的一样。由于有了分流，各子过程的总功和总热量的表达式也发生了变化，如表 4-6 所示，同样，如果分流率 β 为 0 其结果与表 3-8 的一样。以上结果也归总在表 4-4 闭式布雷顿循环基本结果和衍生结果中。

表 4-5　闭式布雷顿循环工质做功和传热以及输出比功和循环效率

部件或系统的热工特性	计算公式
低压压气机单位工质做功	$\Delta i_{LC}=c_p T_1 \Delta\tau_{LC}$
高压压气机单位工质做功	$\Delta i_{HC}=c_p T_1 \Delta\tau_{HC}$
透平单位工质做功	$\Delta i_{T}=c_p T_1 \Delta\tau_{T}$
堆芯单位工质传热	$\Delta i_{core}=c_p T_1 \Delta\tau_{core}$
预冷器单位工质传热	$\Delta i_{pre}=c_p T_1 \Delta\tau_{pre}$
间冷器单位工质传热	$\Delta i_{inter}=c_p T_1 \Delta\tau_{inter}$
系统输出比功	$w=(1-\beta)\Delta i_T-(\Delta i_{LC}+\Delta i_{HC})$
系统循环效率	$\eta=\dfrac{(1-\beta)\Delta i_T-(\Delta i_{LC}+\Delta i_{HC})}{(1-\beta)\Delta i_{core}}$

表 4-6　闭式布雷顿循环总做功和传热

部件	总做功和传热
低压压气机	$P_{LC}=M\Delta i_{LC}$
高压压气机	$P_{HC}=M\Delta i_{HC}$
透平	$P_{T}=(1-\beta)M\Delta i_{T}$
堆芯	$Q_{core}=(1-\beta)M\Delta i_{core}$
预冷器	$Q_{pre}=(1-\beta)M\Delta i_{pre}$
间冷器	$Q_{inter}=M\Delta i_{inter}$

注：M 为系统工质的充装量。

闭式布雷顿循环的变工况过程和动态过程涉及旁路阀的运用，热力循环系统分析的数学方程如表 4-3，基本结果和衍生结果如表 4-4。如果分流率 β 为 0，表 4-3 和表 4-4 中的表达式与第 3 章中的表达式相同，也就是与无分流的数学方程和结果一致。

表 4-3 和表 4-4 与第 3 章的内容相比较，输入参数增加了为 4 个，即循环特征点 1 的温度 T_1 和压力 p_1，循环最高温度 T_4 以及旁路阀分流率 β，其中实际自由度为 3 个，即 p_1、T_4 和 β。如果表 3-2 的设计参数和物性参数为常数，计算流程如图 4-11 有分流闭式布雷顿循环常参数计算流程图所示。

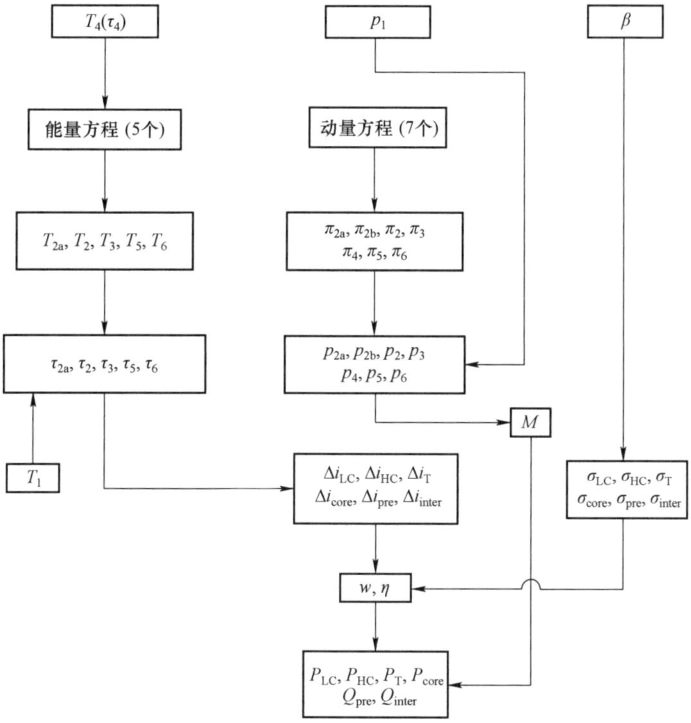

图 4-11 有分流闭式布雷顿循环常参数计算流程图

4.4 变工况和控制方法

在高温气冷堆氦气透平循环发电系统主工艺回路上有三个装置可以控制和调节电厂的运行工况，也就是反应堆控制棒、工质储气罐和旁路阀。这三个装置的组合使用形成三个基本的控制调节方法，即堆芯出口温度调节，工质充装量调节和旁路阀调节。三个基本的控制调节方法可以单独使用，也可以组合使用，视控制任务的需求而定。

4.4.1 变工况特点

高温气冷堆氦气透平循环发电系统需要在不同功率水平上稳定运行，即在额定负荷工况和各种部分负荷工况条件下稳定工作，这些工况的切换和变化需要由专门的装置和专业的规程来完成。高温气冷堆氦气透平循环发电的三个调节设备如图 4-12 所示，在主工艺回路上有三个装置可以控制和调节电厂的运行工况，也就是反应堆控制棒、工质储气罐和旁路阀。

反应堆控制棒调节堆芯的反应性，随着控制棒的插入或提升，堆芯核裂变反应相应地减弱或增强，反应堆对循环回路的供热量也相应地变化。工质储气罐可以安装在低压压气机入口和高压压气机出口之间，即循环系统的最低压力和最高压力之间，可以有效利用这个压差自主充气和排气。储气罐上游和下游的阀门处于常闭状态，若打开上游阀门，系统中的工质流入储气罐中从而减少系统的工质充装量，若打开下游阀门，储气罐中的工质流入系统中从而增加系统的工质充装量。旁路阀也可以安装在高压压气机出口和低压压气机入口之间，处于常闭状态，一旦打开，压气机流量增加耗功增加，透平流量减少做功减少，其结果是循环输出功迅速减小。根据实际需要，可以采用多个储气罐并且可以安装在循环系统的不同位置，旁路阀也是一样可以采用多个旁路阀并且安装在不同位置。

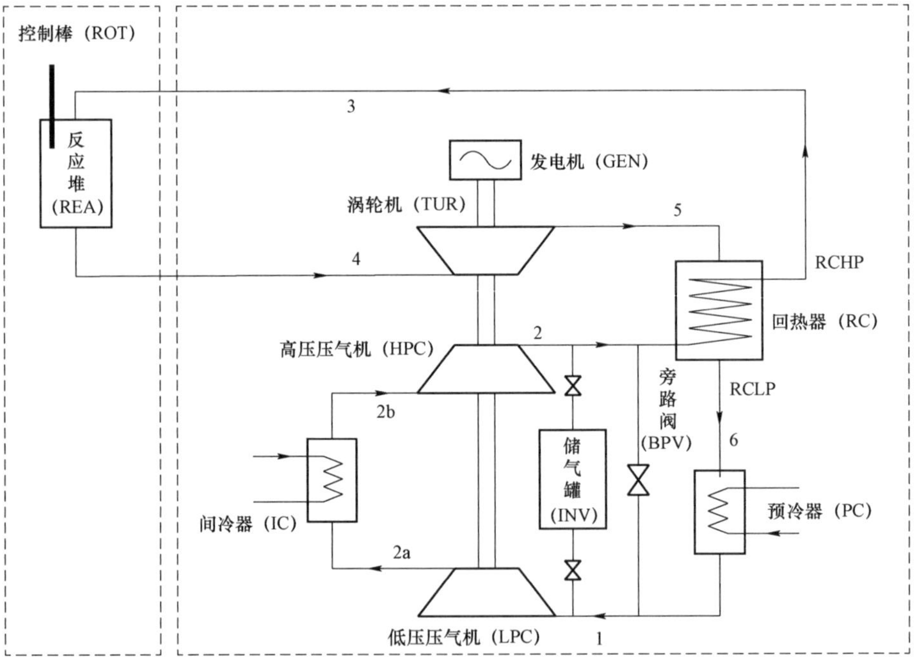

图 4-12　高温气冷堆氦气透平循环发电的三个调节设备

控制棒、储气罐和旁路阀可以单独使用，也可以组合使用。对于不同负荷的变工况稳态运行的控制主要使用控制棒和储气罐，对于紧急停堆则需要迅速插入控制棒和打开旁路阀。

实际的高温气冷堆氦气透平发电系统对变工况速率有着严格的规定，例如功率变化小于 5%/h 或温度变化小于 50 ℃/h，以避免热应力的冲击对系统造成的不利影响。

因此，氦气透平发电系统的变工况过程是比较缓慢的，从一个稳态的功率水平缓慢地变化到另一个功率水平然后稳态运行。

4.4.2　三种控制方法

闭式布雷顿循环系统中工质充装量 M 循环一个周期时的堆芯发热量 Q_{core} 可以表示为式（4-21）：

$$Q_{\text{core}} = \Delta i_{\text{core}} M \sigma_{\text{core}} \tag{4-21}$$

相对于额定工况，堆芯发热量的相对变化可以表示为式（4-22）：

$$\frac{Q_{\text{core}}}{Q_{\text{core},0}} = \frac{\Delta i_{\text{core}}}{\Delta i_{\text{core},0}} \frac{M}{M_0} \frac{\sigma_{\text{core}}}{\sigma_{\text{core},0}} \tag{4-22}$$

式中：下标 0 指额定工况。

因为是相对值，所以 $Q_{\text{core}}/Q_{\text{core},0}$ 也可以表示堆芯功率的相对变化值 $\dot{Q}_{\text{core}}/\dot{Q}_{\text{core},0}$。

根据表 4-5 堆芯比焓差可以表示为式（4-23）：

$$\Delta i_{\text{core}} = c_p T_1 \Delta \tau_{\text{core}} \tag{4-23}$$

式中：比定压热容 c_p 可以认为是常数；T_1 也假设为常数。

式(4-22)的第一个因子的堆芯比焓差的相对变化可以表达为无量纲温差相对变化。

$$\frac{\Delta i_{\text{core}}}{\Delta i_{\text{core},0}} = \frac{\Delta \tau_{\text{core}}}{\Delta \tau_{\text{core},0}} \tag{4-24}$$

系统工质的充装量 M 可以表示为低压压气机入口处工质循环一周的质量流量 M_1：

$$M_1 = \rho_1 V_1 \tag{4-25}$$

式中：ρ_1 为密度；V_1 为工质循环一周的体积流量；下标 1 指低压压气机入口处，在压气机转速一定的情况下 V_1 为常数。

理想气体方程代入式（4-25）得到式（4-26）：

$$M_1 = \frac{p_1 V_1}{R T_1} \tag{4-26}$$

式中：p_1 和 T_1 分别为低压压气机入口处压力和温度；T_1 主要由环境温度和冷却系统决定可以认为是常数；R 为氦气摩尔气体常数。

因此，式（4-22）的第二个因子系统工质充装量的相对变化可以表示为循环特征节点 1 的压力的相对变化：

$$\frac{M}{M_0} = \frac{M_1}{M_{1,0}} = \frac{p_1}{p_{1,0}} \tag{4-27}$$

根据表 4-3，式（4-22）的第三个因子堆芯无量纲流量的相对变化可以表示为式（4-28）：

$$\frac{\sigma_{\text{core}}}{\sigma_{\text{core},0}} = 1 - \beta \tag{4-28}$$

式中：β 为旁路阀分流率。

式（4-24）、式（4-27）和式（4-28）代入式（4-22）得到式（4-29）：

$$\frac{Q_{core}}{Q_{core,0}}=\frac{\Delta\tau_{core}}{\Delta\tau_{core,0}}\frac{p_1}{p_{1,0}}(1-\beta) \tag{4-29}$$

闭式布雷顿循环输出功为式（4-30）：

$$P=Q_{core}\eta \tag{4-30}$$

式中：η 为循环效率。

循环输出功（或功率）相对于额定功（或功率）的变化：

$$\frac{P}{P_0}=\frac{Q_{core}}{Q_{core,0}}\frac{\eta}{\eta_0} \tag{4-31}$$

反应堆控制棒、工质储气罐和旁路阀的调节对应于三种控制方法，即堆芯出口温度调节，工质充装量调节和旁路阀调节。参见图 4-13，根据式（4-22）和式（4-29），下面介绍和分析三种控制方法的原理。

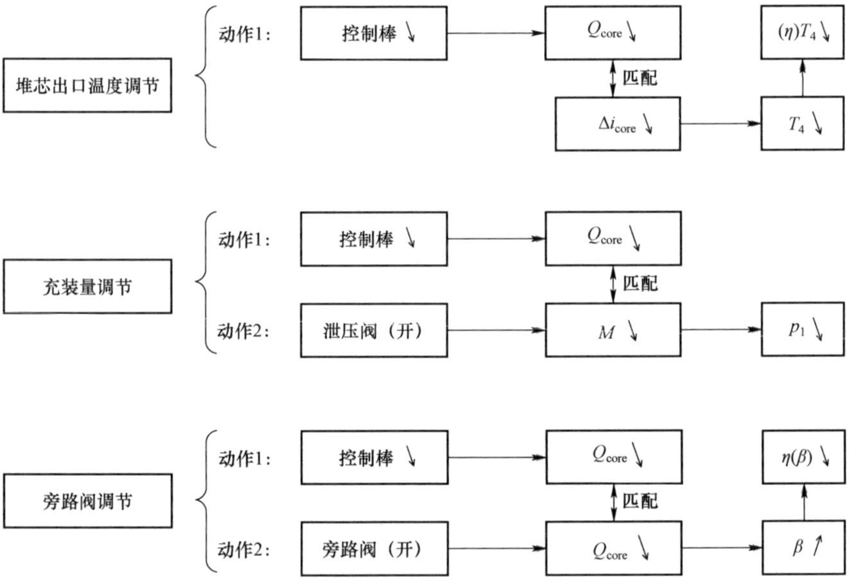

图 4-13　高温气冷堆氦气透平循环发电的三种控制方法的原理

（1）堆芯出口温度调节

包含一个动作。

动作 1：控制棒下插，堆芯功率 Q_{core} 下降。

堆芯比焓差 Δi_{core} 自动下降，匹配 Q_{core}。

结果：堆芯出口温度 T_4 下降，循环效率 η 下降。

（2）工质充装量调节

包含两个动作。

动作 1：控制棒下插，堆芯功率 Q_{core} 下降。

动作 2：泄压阀打开使循环系统工质充装量下降，匹配 Q_{core}。

结果：特征点压力 p_1 下降，循环效率 η 基本不受影响。

（3）旁路阀调节

包含两个动作。

动作 1：控制棒下插，堆芯功率 Q_{core} 下降。

动作 2：打开旁路阀使堆芯无量纲流量 σ_{core} 下降，匹配 Q_{core}。

结果：旁路阀分流率 β 增大，循环效率 η 下降。

高温气冷堆氦气透平发电系统从额定工况到部分载荷的变工况控制过程，首先是要下插控制棒使堆芯功率下降。如果只有控制棒下插单一动作，堆芯出口温度也下降，称之为“堆芯出口温度调节”；如果同时打开泄压阀匹配控制棒，循环系统工质充装量下降，称之为“工质充装量调节”；如果同时打开旁路阀匹配控制棒，堆芯工质流量下降，称之为“旁路阀调节”。

由表 4-3 和表 4-4 可知，闭式布雷顿循环变工况分析实际自由度为 3 个，即循环特征点压力 p_1，循环最高温度 T_4 和旁路阀分流率 β。进一步分析可以把上述有量纲的自由度转化为无量纲的自由度，即循环温比 $\tau_4(=T_4/T_1)$，特征点压力之比 $p_1/p_{1,0}$ 以及旁路阀分流率 β。三种控制方法和对应的无量纲自由度如表 4-7 所示。

表 4-7　三种控制方法和对应的无量纲自由度

控制方法	堆芯出口温度调节	工质充装量调节	旁路阀调节
无量纲参数	τ_4	$\frac{p_1}{p_{1,0}}$	β

4.4.3　常参数和变参数

第 3 章的表 3-1 和表 3-3 的闭式布雷顿循环方程组中涉及的循环系统的设计参数共 12 个，包括透平压气机组特性和换热流道特性以及工质物性，都是无量纲参数，如表 3-2 的闭式布雷顿循环方程组参数所示。表 3-2 分为三个部分，表 3-2（1）是压气机和透平机参数，共 5 个；表 3-2（2）是换热流道的阻力和换热参数，共 6 个；表 3-2（3）是工质气体的物性参数，共 1 个。

表 3-2（3）中所含一个参数是氦气的比热比为常数。表 3-2（1）的压气机和透平参数，在变工况过程分析中，因为氦气透平机发电机组转速恒定，表 3-2（1）的参数为常数；在动态过程分析中，因为转速发生变化，表 3-2（1）的参数随转速的变化而变化。

关于表 3-2（2）的换热流道的阻力和传热参数，在变工况过程和动态过程分析中都会随工况的变化而变化，在此分两步走。第一步假设表 3-2（2）的参数为常数，研究常参数闭式布雷顿循环变工况过程和动态过程，了解其主要物理过程和循环特性；

第二步，设定表 3-2（2）的参数为温度、压力和流量的函数，研究变参数闭式布雷顿循环变工况过程和动态过程，全面了解其物理过程和循环特性。研究表明，常参数的氦气闭式布雷顿循环变工况过程和动态过程的计算分析也具有相当的精度。

4.5 常参数变工况分析

按照上节所述的第一步，本节假设第 3 章的表 3-2（2）的换热流道参数为常数，即 5 个换热流道的压力恢复系数 ξ_j 和 1 个回热器的回热度 α 为常数，研究常参数闭式布雷顿循环变工况过程。研究结果表明，常参数变工况分析可以揭示变工况过程的主要机理和主要特性，并且具有一定的精度。

4.5.1 控制参数与堆芯功率的匹配

式（4-29）显示了闭式布雷顿循环三种调节方法的参数与反应堆堆芯功率的匹配关系。若控制棒下插，循环温比 τ_4 与堆芯功率 Q_{core} 的匹配关系见式（4-32）：

$$\frac{Q_{\text{core}}}{Q_{\text{core},0}} = \frac{\tau_4 - \tau_3}{\Delta\tau_{\text{core},0}} \tag{4-32}$$

不需要额外动作 τ_4 自动匹配 Q_{core} 并呈线性关系，如图 4-14 堆芯出口温度调节的匹配关系所示。τ_4 是 Q_{core} 单调增函数，$Q_{\text{core}}/Q_{\text{core},0}$ 从 100%下降到 77.5%，τ_4 也自动地下降，对应的堆芯出口温度 t_4 从 900 ℃下降到 650 ℃。

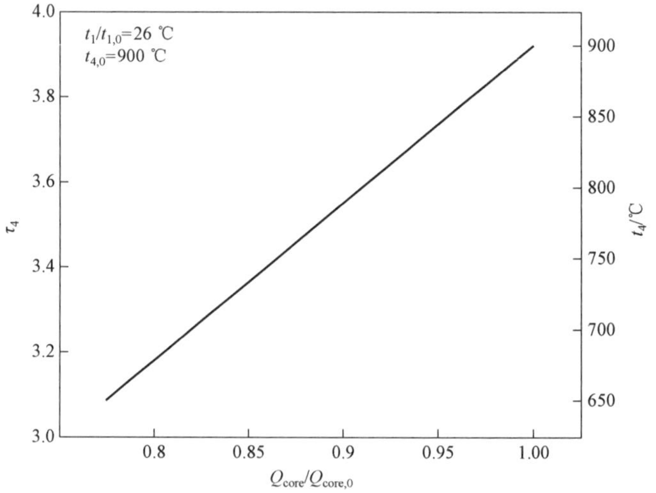

图 4-14 堆芯出口温度调节的匹配关系（常参数）

若控制棒下插，同时泄压阀打开减少热力循环系统中工质充装量，循环特征点压力之比 $p_1/p_{1,0}$ 与堆芯功率 Q_{core} 的匹配关系见式（4-33）：

$$\frac{Q_{core}}{Q_{core,0}}=\frac{p_1}{p_{1,0}} \tag{4-33}$$

$p_1/p_{1,0}$ 与 Q_{core} 呈现正比关系，如图 4-15 工质充装量调节的匹配关系所示。$p_1/p_{1,0}$ 是 Q_{core} 单调增函数，$Q_{core}/Q_{core,0}$ 从 100%下降到 75%，$p_1/p_{1,0}$ 也需要人为地从 100%下降到 75%。

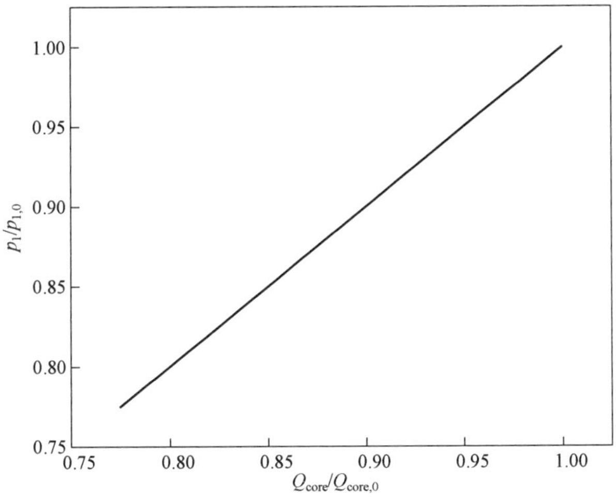

图 4-15　工质充装量调节的匹配关系（常参数）

若控制棒下插，同时旁路阀打开，旁路阀分流率 β 与堆芯功率 Q_{core} 的匹配关系见式（4-34）：

$$\frac{Q_{core}}{Q_{core,0}}=1-\beta \tag{4-34}$$

β 与 Q_{core} 显示线性关系，如图 4-16 旁路阀调节的匹配关系所示。β 是 Q_{core} 单调减函数，$Q_{core}/Q_{core,0}$ 从 100%下降到 50%，β 需要人为地从 0 上升到 50%。

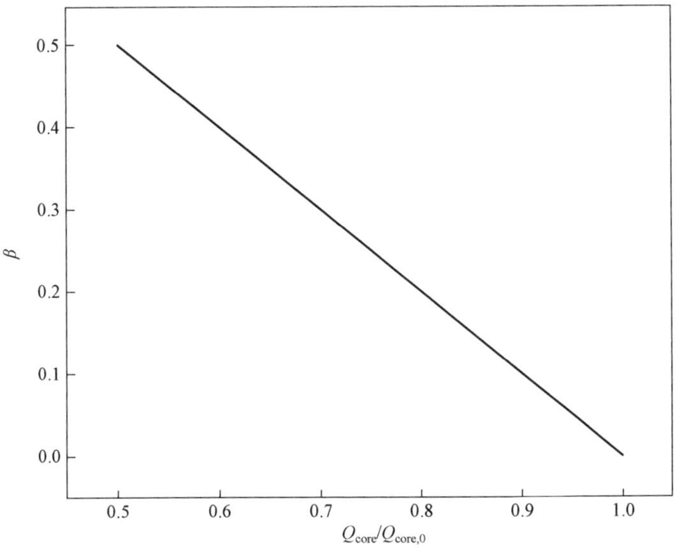

图 4-16　旁路阀调节的匹配关系（常参数）

4.5.2 循环效率和输出功率

根据第 3 章的式（3-53）闭式布雷顿循环效率η可以表示为式（3-53）：

$$\eta=\frac{\eta_{\mathrm{T}}\left(1-\pi_{\mathrm{T}}^{-\left(\frac{k-1}{k}\right)}\right)(1-\beta)-\tau_4^{-1}\left[\eta_{\mathrm{LC}}^{-1}\left(\varepsilon_{\mathrm{LC}}^{\frac{k-1}{k}}-1\right)+\eta_{\mathrm{HC}}^{-1}\left(\varepsilon_{\mathrm{HC}}^{\frac{k-1}{k}}-1\right)\right]}{\left\{1-\alpha\left[1-\eta_{\mathrm{T}}\left(1-\pi_{\mathrm{T}}^{-\left(\frac{k-1}{k}\right)}\right)\right]-(1-\alpha)\tau_4^{-1}\left[\eta_{\mathrm{HC}}^{-1}\left(\varepsilon_{\mathrm{HC}}^{\frac{k-1}{k}}-1\right)+1\right]\right\}(1-\beta)}$$

堆芯出口温度调节，循环效率η是循环温比τ_4的单调增函数，当τ_4对应的堆芯出口温度t_4从 900 ℃下降到 650 ℃，η从 49.7%下降到 38.8%，如图 4-17 堆芯出口温度调节的循环效率所示。充装量调节，循环效率η与循环特征点压力之比$p_1/p_{1,0}$无关，$p_1/p_{1,0}$变化时η保持为定值，如图 4-18 工质充装量调节的循环效率所示。旁路阀调节，循环效率η是旁路阀分流率β的单调减函数，当β从 0 上升到 0.5，η从 49.7%剧烈下降到只有 7.4%，如图 4-19 旁路阀调节的循环效率所示。

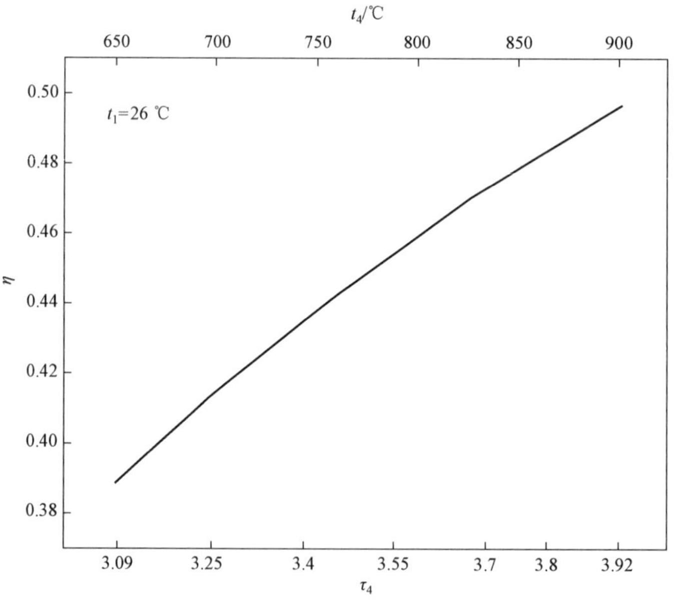

图 4-17　堆芯出口温度调节的循环效率（常参数）

把图 4-17 至图 4-19 的结果与图 4-14 至图 4-16 的结果合并，三种控制方法的循环效率比较如图 4-20 所示，可以看到，工质充装量调节的循环效率保持不变，堆芯出口温度调节的循环效率有所下降，旁路阀调节的循环效率大幅下降。

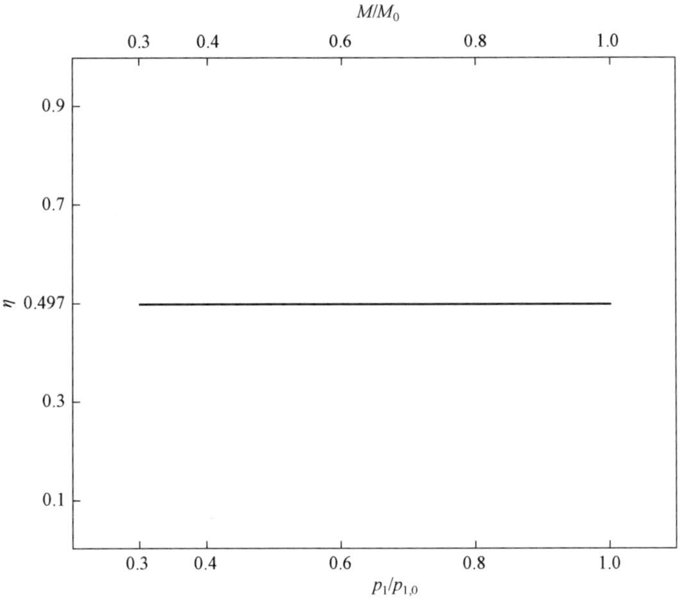

图 4-18　工质充装量调节的循环效率（常参数）

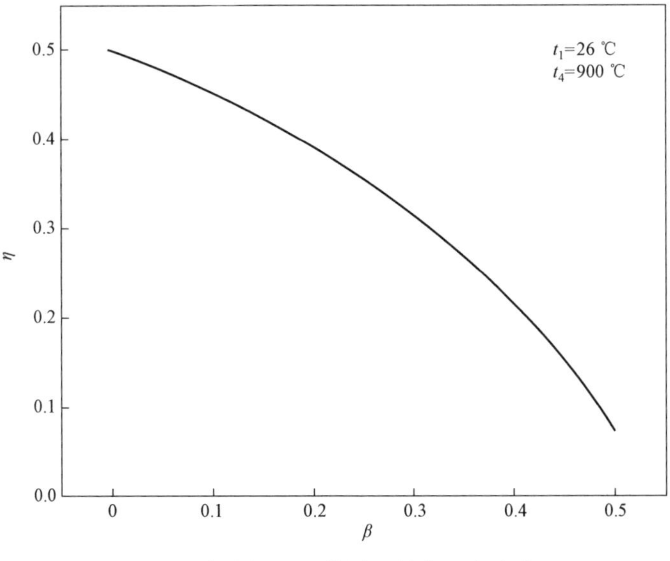

图 4-19　旁路阀调节的循环效率（常参数）

闭式布雷顿循环输出功率变化的关系式如式（4-31），在同样的部分载荷堆芯功率的条件下，充装量调节方法的输出功率最大（正比关系），其次为堆芯出口温度调节方法，旁路阀调节方法的输出功最小，如图 4-21 三种控制方法的输出功率比较所示。

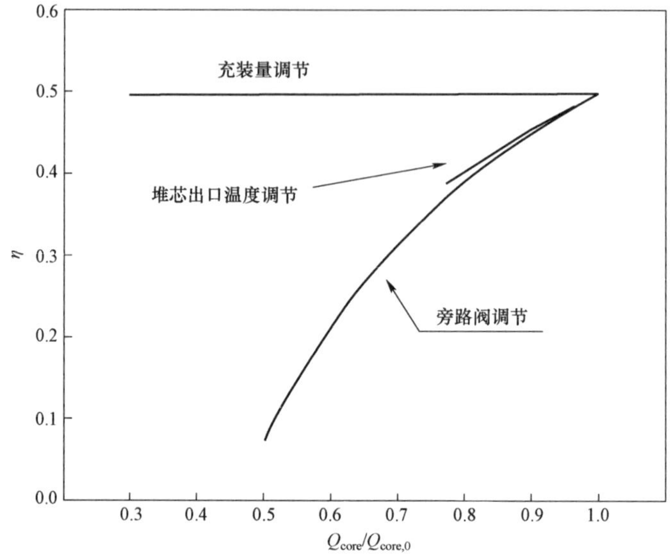

图 4-20　三种控制方法的循环效率比较（常参数）

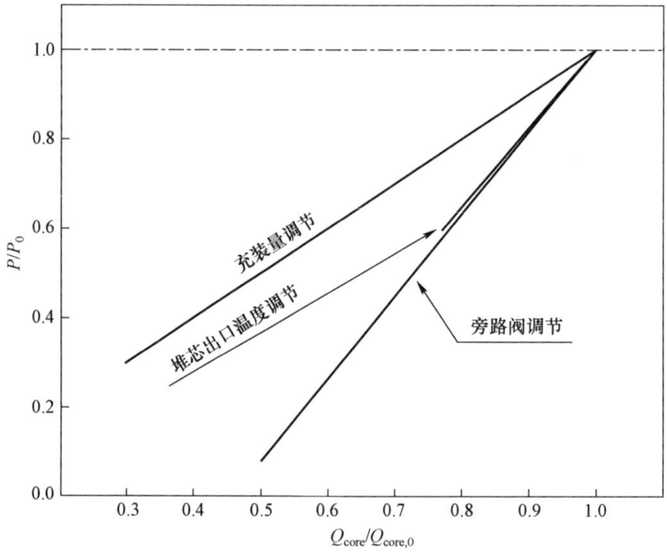

图 4-21　三种控制方法的输出功率比较（常参数）

在高温气冷堆氦气透平发电系统功率调节方法中，首先希望采用充装量调节的方法使循环效率不变，必要时也可以采用堆芯出口温度调节方法，这两种调节方法的变化过程比较缓慢适合变工况运行调节。旁路阀调节方法循环效率下降幅度很大，但是变化过程非常迅速，适合快速紧急的动态控制。

4.6　变参数特性

事实上，第 3 章的表 3-2（2）的换热流道参数不是常数，是闭式布雷顿循环系统温度、压力和流量的函数，必须与表 4-3 的闭式布雷顿循环守恒方程联立求解。本节分别推导 5 个换热流道的压力恢复系数 ξ_j 的计算公式和 1 个回热器的回热度 α 的计算公式，然后分析讨论这些参数的变化规律。

4.6.1　压力恢复系数

选取闭式布雷顿循环中一个传热子过程的流道进行分析（图 4-22），子过程编号为 j，入口标识为 i，出口标识为 $i+1$。

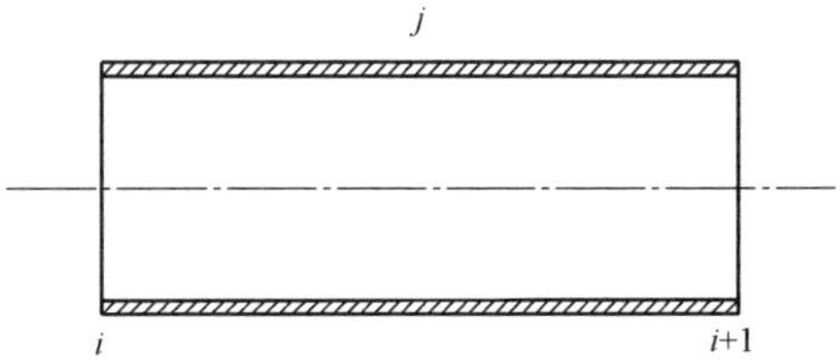

图 4-22　传热子过程流道分析示意图

根据流体力学原理这段流道沿程阻力为式（4-35）：

$$\Delta p_j = p_i - p_{i+1} = \frac{1}{2}\rho_j v_j^2 f_j \frac{L_j}{D_j} \tag{4-35}$$

式中：ρ_j 为流体密度；v_j 为流体速度；f_j 为阻力系数；L_j 为流道长度；D_j 为流道当量直径；下标 j 为流道编号。

一般情况下，高温气冷堆氦气透平循环发电系统氦气工质的流速较高，进入了自模化区，阻力系数 f_j 为常数。假设各子过程流道的截面 A_j 相等，闭式布雷顿循环连续方程（表 4-3）代入式（4-35）得到式（4-36）：

$$\Delta p_j = \frac{1}{2}\frac{f_j L_j}{D_j}\frac{v_1^2 \rho_1^2}{\rho_j}\sigma_j^2 \tag{4-36}$$

式中：σ_j 为流道的无量纲流量。

氦气的理想气体状态方程代入式（4-36）得到式（4-37）：

$$\Delta p_j = \frac{1}{2}\frac{f_j L_j}{D_j}\frac{v_1^2 p_1^2}{RT_1^2}\cdot\frac{T_j}{p_j}\sigma_j^2 \tag{4-37}$$

式中：R 为气体摩尔常数；v_1、p_1 和 T_1 为低压压气机进口处流体的流速、压力和绝对温度（循环特征点参数）；p_j 和 T_j 为流道的压力和热力学温度。

可以看到，闭式布雷顿循环中某一流道的阻力不仅与自身的温度、压力有关，而且与循环回路特征点的参数有关。

如前文所述，换热子过程的阻力特性是通过压力恢复系数来影响整个闭式布雷顿循环特性的。参考图 4-22 传热子过程流道分析示意图，管道的压力恢复系数 ξ_j 定义为式（4-38）：

$$\xi_j = \frac{p_{i+1}}{p_i} = 1 - \frac{\Delta p_j}{p_i} \tag{4-38}$$

式（4-37）代入式（4-38）可以得到式（4-39）：

$$\xi_j = 1 - \frac{1}{2}\frac{f_j L_j}{D_j}\frac{v_1^2}{RT_1}\frac{p_1^2}{p_i p_j}\frac{T_j}{T_1}\sigma_j^2 \tag{4-39}$$

对于额定工况，旁路阀关闭无量纲流量 $\sigma_{j,0}$ 为 1，压力恢复系数 $\xi_{j,0}$ 为式（4-40）：

$$\xi_{j,0} = 1 - \frac{1}{2}\frac{f_j L_j}{D_j}\frac{v_{1,0}^2}{RT_{1,0}}\frac{p_{1,0}^2}{p_{i,0} p_{j,0}}\frac{T_{j,0}}{T_{1,0}} \tag{4-40}$$

式中：下标 0 为额定工况。

变工况时，压气机转速不变体积流量恒定，因此入口处流速 v_1 等于额定工况流速 $v_{1,0}$，压气机入口温度 T_1 也不变，等于额定工况时温度 $T_{1,0}$。式（4-39）和式（4-40）合并得到式（4-41）：

$$\frac{1-\xi_j}{1-\xi_{j,0}} = \frac{\dfrac{p_1^2}{p_i p_j}\dfrac{T_j}{T_1}\sigma_j^2}{\dfrac{p_{1,0}^2}{p_{i,0} p_{j,0}}\dfrac{T_{j,0}}{T_{1,0}}} \tag{4-41}$$

无量纲表达式为式（4-42）：

$$\frac{1-\xi_j}{1-\xi_{j,0}} = \frac{\pi_{i,0}\pi_{j,0}\tau_j}{\pi_i \pi_j \tau_{j,0}}\sigma_j^2 \tag{4-42}$$

式中：τ_j 为无量纲温度；π_j 为无量纲压力。

流道 j 的值取前后节点 i 和 $i+1$ 的平均值，式（4-42）变为式（4-43）：

$$\frac{1-\xi_j}{1-\xi_{j,0}} = \frac{\pi_{i,0}(\pi_{i,0}+\pi_{i+1,0})}{\pi_i(\pi_i+\pi_{i+1})}\frac{(\tau_i+\tau_{i+1})}{(\tau_{i,0}+\tau_{i+1,0})}\sigma_j^2 \tag{4-43}$$

把式（4-43）应用到 5 个传热子过程，即间冷子过程、高压回热子过程、堆芯加热子过程、低压回热子过程和预冷子过程，得到 5 个相应压力恢复系数的方程，如后面的表 4-8 变工况过程压力恢复系数和回热度方程组所示。

4.6.2 回热度

高温气冷堆氦气透平循环发电系统的氦气流速比较大通常情况下都处于紊流区

域，因此管槽内的对流换热关联式采用 Dittus-Boelter 公式[3]，对于流道 j 则：

$$Nu_j = 0.023Re_j^{0.8}Pr_j^{0.4} \tag{4-44}$$

式（4-44）中，怒谢尔数 Nu_j、雷诺数 Re_j 和普朗特数 Pr_j 定义如下：

$$Nu_j = \frac{h_j D_j}{\lambda_j} \tag{4-45}$$

$$Re_j = \frac{\rho_j v_j D_j}{\mu_j} \tag{4-46}$$

$$Pr_j = \frac{\mu_j c_{pj}}{\lambda_j} \tag{4-47}$$

式中：h_j 为流体和壁面的对流换热系数；D_j 为流道的当量直径；λ_j 为流体的导热系数；ρ_j 为流体的密度；v_j 为流体的速度；μ_j 为流体的黏度；c_{pj} 为流体的比定压热容，定性温度取流体的进出口温度的平均值。

进一步推导得到式（4-48）：

$$h_j = 0.023D_j^{-0.2}\dot{m}_j^{0.8}\lambda_j^{0.6}\mu_j^{-0.4}c_{pj}^{0.4} \tag{4-48}$$

式中：$\dot{m}_j$ 为流体的质量流量。

氦气的导热系数 λ_j 和黏度 μ_j 采用参考文件中的推荐公式[4]（4-49）和式（4-50）：

$$\lambda_j = 0.144\,8\left(\frac{T_j}{273.15}\right)^{0.68} \tag{4-49}$$

$$\mu_j = 1.855\times10^{-5}\left(\frac{T_j}{273.15}\right)^{0.68} \tag{4-50}$$

代入式（4-48）得到式（4-51）：

$$h_j = \frac{0.023\times0.144\,8^{0.6}}{1.855^{0.4}\times10^{-2}\times273.15^{0.136}}D_j^{-0.2}\dot{m}_j^{0.8}c_{pj}^{0.4}T_j^{0.136} \tag{4-51}$$

假设各子过程流道的截面 A_j 相等，闭式布雷顿循环连续方程式（4-16）代式（4-51）得到式（4-52）：

$$h_j = \frac{0.023\times0.144\,8^{0.6}}{1.855^{0.4}\times10^{-2}\times273.15^{0.136}}D_j^{-0.2}\dot{m}_1^{0.8}c_{pj}^{0.4}T_j^{0.136}\sigma_j^{0.8} \tag{4-52}$$

式中：σ_j 为流道的无量纲流量。

用氦气的理想气体方程代入式（4-52）得到式（4-53）：

$$h_j = \frac{0.023\times0.144\,8^{0.6}}{1.855^{0.4}\times10^{-2}\times273.15^{0.136}}D_j^{-0.2}\left(\frac{v_1}{RT_1}\right)^{0.8}T_1^{0.136}c_{pj}^{0.4}p_1^{0.8}\tau_j^{0.136}\sigma_j^{0.8} \tag{4-53}$$

可以看出，回热器流道的对流换热系数不仅与自身的特性有关还与循环回路的特征点压力 p_1 和温度 T_1 有关。如前所述，闭式布雷顿循环的最低温度 T_1 为常数，变工况

时流速 v_1 为常数，比定压热容 c_{pj} 也为常数。因此，回热器流道的对流换热系数 h_j 与流体的无量纲温度 τ_j、循环特征点的压力 p_1 以及无量纲流量 σ_j 有关：

$$h_j \propto p_1^{0.8}\tau_j^{0.136}\sigma_j^{0.8} \tag{4-54}$$

同理，额定工况下回热器流道的对流换热系数为式（4-55）：

$$h_{j,0} \propto p_{1,0}^{0.8}\tau_{j,0}^{0.136} \tag{4-55}$$

此时，无量纲流量 $\sigma_{j,0}$ 为 1。变工况和额定工况回热器流道对流换热系数的关系式为式（4-56）：

$$\frac{h_j}{h_{j,0}}=\left(\frac{p_1}{p_{1,0}}\right)^{0.8}\left(\frac{\tau_j}{\tau_{j,0}}\right)^{0.136}\sigma_j^{0.8} \tag{4-56}$$

两种工况下回热器流道换热系数与系统工质充装量有关，与自身流道的无量纲温度和无量纲流量有关。

回热器分析示意图如图 4-23 所示。

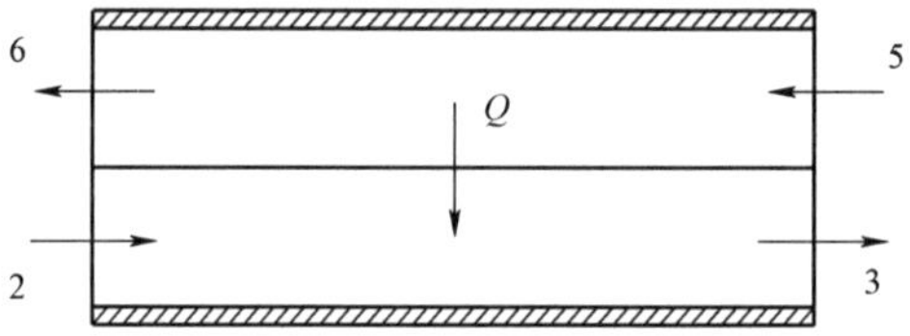

图 4-23　回热器分析示意图

参考图 4-23，相对两侧对流换热热阻，回热器换热面金属壁的热阻较小可以忽略不计，因此，回热器作为换热器的换热系数 K 与两侧对流换热系数 h_{2-3} 和 h_{5-6} 的关系为式（4-57）：

$$\frac{1}{K}=\frac{1}{h_{2-3}}+\frac{1}{h_{5-6}} \tag{4-57}$$

整理后可得：

$$K=\frac{h_{2-3}h_{5-6}}{h_{2-3}+h_{5-6}} \tag{4-58}$$

同理，额定工况下回热器的换热系数 K_0 为式（4-59）：

$$K_0=\frac{h_{2-3,0}h_{5-6,0}}{h_{2-3,0}+h_{5-6,0}} \tag{4-59}$$

变工况和额定工况回热器换热系数的关系式为式（4-60）：

$$\frac{K}{K_0}=\frac{h_{2-3}h_{5-6}}{h_{2-3}+h_{5-6}}\frac{h_{2-3,0}+h_{5-6,0}}{h_{2-3,0}h_{5-6,0}} \tag{4-60}$$

式（4-54）至式（4-56）代入式（4-60）可以得到式（4-61）：

$$\frac{K}{K_0}=\left(\frac{p_1}{p_{1,0}}\right)^{0.8}\left(\frac{\tau_{2-3}}{\tau_{2-3,0}}\right)^{0.136}\left(\frac{\tau_{5\text{-}6}}{\tau_{5-6,0}}\right)^{0.136}\left(\frac{\tau_{2-3,0}^{0.136}+\tau_{5-6,0}^{0.136}}{\tau_{2-3}^{0.136}+\tau_{5-6}^{0.136}}\right)(1-\beta)^{0.8} \tag{4-61}$$

回热器两侧流道无量纲流量σ_j均为$1-\beta$。

参见图 4-23 回热器分析示意图，回热器的换热量应该从两个角度考察，一个是流体通过传热面的传热量，另一个是流体流动带走的热量，假设回热器对外散热为 0 两者相同。

对于传热过程：

$$Q\propto K\Delta T \tag{4-62}$$

式中：ΔT为两侧流体温差，这里算数平均温差等于对数平均温差。

同理，对于额定工况下的传热过程：

$$Q_0\propto K_0\Delta T_0 \tag{4-63}$$

变工况和额定工况下回热器传热量的关系式为式（4-64）：

$$\frac{Q}{Q_0}=\frac{K\Delta T}{K_0\Delta T_0} \tag{4-64}$$

结合式（4-61），进一步推导得到式（4-65）：

$$\frac{Q}{Q_0}=\left(\frac{p_1}{p_{1,0}}\right)^{0.8}\left(\frac{\tau_{2-3}}{\tau_{2-3,0}}\right)^{0.136}\left(\frac{\tau_{5-6}}{\tau_{5-6,0}}\right)^{0.136}\left(\frac{\tau_{2-3,0}^{0.136}+\tau_{5-6,0}^{0.136}}{\tau_{2-3}^{0.136}+\tau_{5-6}^{0.136}}\right)\left(\frac{\tau_{5-6}-\tau_{2-3}}{\tau_{5-6,0}-\tau_{2-3,0}}\right)(1-\beta)^{0.8} \tag{4-65}$$

变工况和额定工况回热器的传热量的比值与循环系统工质充装量有关，与自身的无量纲温度和温差以及无量纲流量有关。

对于流体流动带走的热量：

$$Q=\dot m_{2-3}c_p(T_3-T_2)=\dot m_{5-6}c_p(T_5-T_6) \tag{4-66}$$

闭式布雷顿循环连续方程式（4-16）代入式（4-66）：

$$Q=\sigma_{2-3}\dot m_1 c_p(T_3-T_2)=\sigma_{5-6}\dot m_1 c_p(T_5-T_6) \tag{4-67}$$

整理得到：

$$Q=(1-\beta)\left(\frac{v_1}{RT_1}\right)p_1c_p(T_3-T_2)=(1-\beta)\left(\frac{v_1}{RT_1}\right)p_1c_p(T_5-T_6) \tag{4-68}$$

同理，额定工况下：

$$Q_0=\left(\frac{v_1}{RT_1}\right)p_{1,0}c_p(T_{3,0}-T_{2,0})=\left(\frac{v_1}{RT_1}\right)p_{1,0}c_p(T_{5,0}-T_{6,0}) \tag{4-69}$$

变工况和额定工况下流体流动带走的热量的比值为：

$$\frac{Q}{Q_0}=\frac{p_1(T_3-T_2)(1-\beta)}{p_{1,0}(T_{3,0}-T_{2,0})}=\frac{p_1(T_5-T_6)(1-\beta)}{p_{1,0}(T_{5,0}-T_{6,0})} \tag{4-70}$$

引入回热度的定义，式（4-70）变为：

$$\frac{Q}{Q_0}=\left(\frac{p_1}{p_{1,0}}\right)\left(\frac{\alpha}{\alpha_0}\right)\left(\frac{T_5-T_2}{T_{5,0}-T_{2,0}}\right)(1-\beta) \tag{4-71}$$

变工况和额定工况流体带走的热量的比值分别与两种工况下的充装量的比值成正比，回热度的比值成正比，回热温差极限的比值成正比，以及与 $(1-\beta)$ 成正比。进一步整理得：

$$\frac{Q}{Q_0}=\left(\frac{p_1}{p_{1,0}}\right)\left(\frac{\alpha}{\alpha_0}\right)\left(\frac{\tau_5-\tau_2}{\tau_{5,0}-\tau_{2,0}}\right)(1-\beta) \tag{4-72}$$

回热器两侧流体的传热量与流体流动带走的热量相等，式（4-65）等于式（4-72），得到：

$$\begin{aligned}\frac{\alpha}{\alpha_0}=&\left(\frac{p_1}{p_{1,0}}\right)^{-0.2}\left(\frac{\tau_{2-3}}{\tau_{2-3,0}}\right)^{0.136}\left(\frac{\tau_{5\text{-}6}}{\tau_{5-6,0}}\right)^{0.136}\\&\left(\frac{\tau_{2-3,0}^{0.136}+\tau_{5-6,0}^{0.136}}{\tau_{2-3}^{0.136}+\tau_{5-6}^{0.136}}\right)\left(\frac{\tau_{5\text{-}6}-\tau_{2-3}}{\tau_{5-6,0}-\tau_{2-3,0}}\right)\left(\frac{\tau_{5,0}-\tau_{2,0}}{\tau_5-\tau_2}\right)(1-\beta)^{-0.2}\end{aligned} \tag{4-73}$$

变工况和额定工况回热度的变化与系统工质的充装量有关，与自身的无量纲温度和无量纲温差有关，与自身的无量纲质量流量有关。

4.6.3 压力恢复系数和回热度特性

在上述的推导中有两个假设，（1）各子过程流道截面相等；（2）氦气工质流动在紊流区，传热用 Dittus-Boelter 公式，流动还进入了自模化区，阻力系数为常数。推导所得 6 个关于变工况压力恢复系数和回热度的方程组如表 4-8 所示，补-1 至补-4 的表达式若代入方程过于冗长，故单独列出。表 4-8 中的方程表达式比较复杂，求不出解析解，只能求得数值解。

表 4-8 变工况过程压力恢复系数和回热度方程组

编号	变量	方程
1	ξ_{2a-2b}	$\xi_{2a-2b}=\xi_{2a-2b,0}$
2	ξ_{2-3}	$\frac{1-\xi_{2-3}}{1-\xi_{2-3,0}}=\frac{(1+\xi_{2-3,0})}{(1+\xi_{2-3})}\frac{[2\tau_2+\alpha(\tau_5-\tau_2)]}{[2\tau_{2,0}+\alpha_0(\tau_{5,0}-\tau_{2,0})]}(1-\beta)^2$
3	ξ_{3-4}	$\frac{1-\xi_{3-4}}{1-\xi_{3-4,0}}=\frac{\xi_{2\text{-}3,0}^2(1+\xi_{3-4,0})}{\xi_{2-3}^2(1+\xi_{3-4})}\frac{[\tau_2+\alpha(\tau_5-\tau_2)+\tau_4]}{[\tau_{2,0}+\alpha_0(\tau_{5,0}-\tau_{2,0})\tau_{4,0}]}(1-\beta)^2$
4	ξ_{5-6}	$\frac{1-\xi_{5-6}}{1-\xi_{5-6,0}}=\frac{(\xi_{5-6}\xi_{6-1})^2(1+\xi_{5-6,0})}{(\xi_{5-6,0}\xi_{6-1,0})^2(1+\xi_{5-6})}\frac{[2\tau_5-\alpha(\tau_5-\tau_2)]}{[2\tau_{5,0}-\alpha_0(\tau_{5,0}-\tau_{2,0})]}(1-\beta)^2$
5	$\xi_{6\text{-}1}$	$\frac{1-\xi_{6-1}}{1-\xi_{6-1,0}}=\frac{\xi_{6-1}^2(1+\xi_{6-1,0})}{\xi_{6-1,0}^2(1+\xi_{6-1})}\frac{[\tau_5-\alpha(\tau_5-\tau_2)+1]}{[\tau_{5,0}-\alpha_0(\tau_{5,0}-\tau_{2,0})+1]}(1-\beta)^2$

续表

编号	变量	方程
6	α	$\left(\dfrac{2\tau_2+\alpha(\tau_5-\tau_2)}{2\tau_{2,0}+\alpha_0(\tau_{5,0}-\tau_{2,0})}\right)^{0.136}\left(\dfrac{2\tau_5-\alpha(\tau_5-\tau_2)}{2\tau_{5,0}-\alpha_0(\tau_{5,0}-\tau_{2,0})}\right)^{0.136}$ $\left(\dfrac{(2\tau_{2,0}+\alpha_0(\tau_{5,0}-\tau_{2,0}))^{0.136}+(2\tau_{5,0}-\alpha_0(\tau_{5,0}-\tau_{2,0}))^{0.136}}{(2\tau_2+\alpha(\tau_5-\tau_2))^{0.136}+(2\tau_5-\alpha(\tau_5-\tau_2))^{0.136}}\right)$ $\left(\dfrac{(2\tau_5-\alpha(\tau_5-\tau_2))-(2\tau_2+\alpha(\tau_5-\tau_2))}{(2\tau_{5,0}-\alpha_0(\tau_{5,0}-\tau_{2,0}))-(2\tau_{2,0}+\alpha_0(\tau_{5,0}-\tau_{2,0}))}\right)$ $=\left(\dfrac{p_1}{p_{1,0}}\right)^{0.2}\left(\dfrac{\alpha(\tau_5-\tau_2)}{\alpha_0(\tau_{5,0}-\tau_{2,0})}\right)(1-\beta)^{0.2}$
补-1	—	$\tau_2=\tau_{2,0}$
补-2	—	$\tau_{2,0}=\left(1+\dfrac{\varepsilon_{\mathrm{HC}}^{\frac{k-1}{k}}-1}{\eta_{\mathrm{HC}}}\right)$
补-3	—	$\tau_5=\tau_4\left\{1+\eta_T\left[(\varepsilon_C\xi_{2a-2b}\xi_{2-3}\xi_{3-4}\xi_{5-6}\xi_{6-1})^{-\left(\frac{k-1}{k}\right)}-1\right]\right\}$
补-4	—	$\tau_{5,0}=\tau_{4,0}\left\{1+\eta_T\left[(\varepsilon_C\xi_{2a-2b,0}\xi_{2-3,0}\xi_{3-4,0}\xi_{5-6,0}\xi_{6-1,0})^{-\left(\frac{k-1}{k}\right)}-1\right]\right\}$

变工况条件下，闭式布雷顿循环的 4 个节点的无量纲温度和无量纲压力与额定工况的一样不发生变化，如表 4-9 所示，在表 4-8 的推导过程中已运用。节点 1 的无量纲温度为 1 是定值，拓展到有量纲温度 T_1 是定值。节点 1 的无量纲压力为 1 是定值，但拓展到有量纲压力 p_1 却不是定值，p_1 随系统充装量的变化而变化。

表 4-9 闭式布雷顿循环变工况过程部分节点的无量纲温度和压力

节点	温度	压力
1	$\tau_1=\tau_{1,0}=1$	$\pi_1=\pi_{1,0}=1$
2a	$\tau_{2a}=\tau_{2a,0}$	$\pi_{2a}=\pi_{2a,0}$
2b	$\tau_{2b}=\tau_{2b,0}=1$	$\pi_{2b}=\pi_{2b,0}$
2	$\tau_2=\tau_{2,0}$	$\pi_2=\pi_{2,0}$

闭式布雷顿循环变工况过程实际有 3 个自由度，即循环特征点压力 p_1、循环最高温度 T_4 和旁路阀分流率 β。仔细分析表 4-8 的变工况过程压力恢复系数和回热度方程组，3 个自由度可以转化为无量纲的自由度，即循环系统工质的相对充装量 $p_1/p_{1,0}$、循环温比 τ_4（T_4/T_1）和旁路阀分流率 β。下面分别以 $p_1/p_{1,0}$、τ_4 和 β 为自变量分析讨论变工况压力恢复系数和回热度的特性。

如前所述，各子过程的压力恢复系数是通过总压力恢复系数影响闭式布雷顿循环的输出比功和循环效率的，根据式（3-59）总压力恢复系数 ξ_t 为各子过程压力恢复系数 ξ_j 的乘积：

$$\xi_t = \xi_{2a-2b}\,\xi_{2-3}\,\xi_{3-4}\,\xi_{5-6}\,\xi_{6-1}$$

因此，下面仅分析总压力恢复系数的特性，从而略去分别分析各压力恢复系数的特性。

（1）额定工况总压力恢复系数$\xi_{t,0}$和回热度α_0一定

变工况总压力恢复系数ξ_t与相对充装量$p_1/p_{1,0}$的关系如图4-24所示，$p_1/p_{1,0}$变化范围为0.3至1.0，可以看出随着$p_1/p_{1,0}$的变化，ξ_t相对于额定工况的$\xi_{t,0}$几乎没有变化近似于常数。

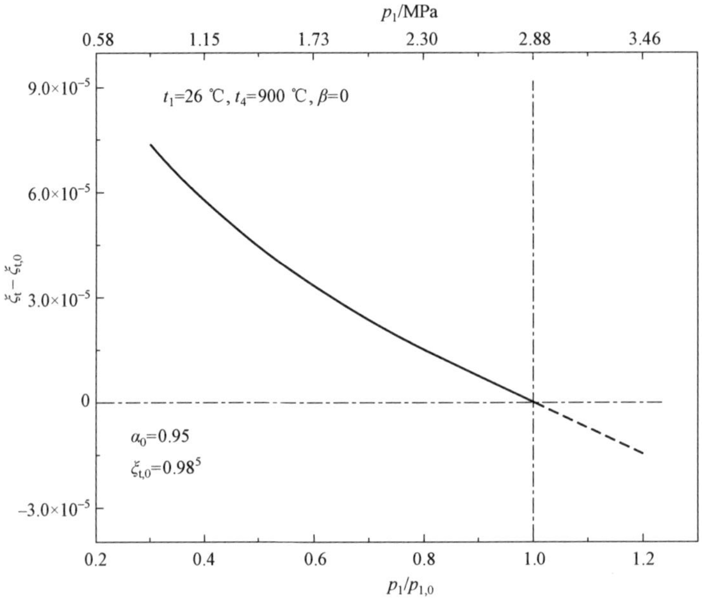

图4-24　总压力恢复系数与相对充装量的关系

具体数值如表4-10所示，由于数学公式的准确性和计算机能力的超强性，还是能算出ξ_t和$\xi_{t,0}$细微的差别。

表4-10　总压力恢复系数与相对充装量的关系

$\frac{p_1}{p_{1,0}}$	$\xi_t-\xi_{t,0}$
0.3	7.40×10^{-5}
0.4	5.80×10^{-5}
0.5	4.40×10^{-5}
0.6	3.30×10^{-5}
0.7	2.30×10^{-5}
0.8	1.50×10^{-5}
0.9	7.00×10^{-6}
1	0.00

注：$t_1=26$℃，$t_4=900$℃，$\beta=0$，$\alpha_0=0.95$，$\xi_{t,0}=0.98^5$。

总压力恢复系数 ξ_t 与循环温比 τ_4 的关系如图 4-25 所示，其数值如表 4-11 所示，τ_4 对应的循环最高温度 t_4 的变化范围为 600 ℃至 900 ℃。可以看出，随着循环最高温度 t_4 的升高，ξ_t 略有下降。ξ_t 和额定工况的 $\xi_{t,0}$ 的差值几乎都小于 1%。闭式布雷顿循环堆芯出口温度调节过程中总压力恢复系数的变化幅度要大于充装量调节过程的。

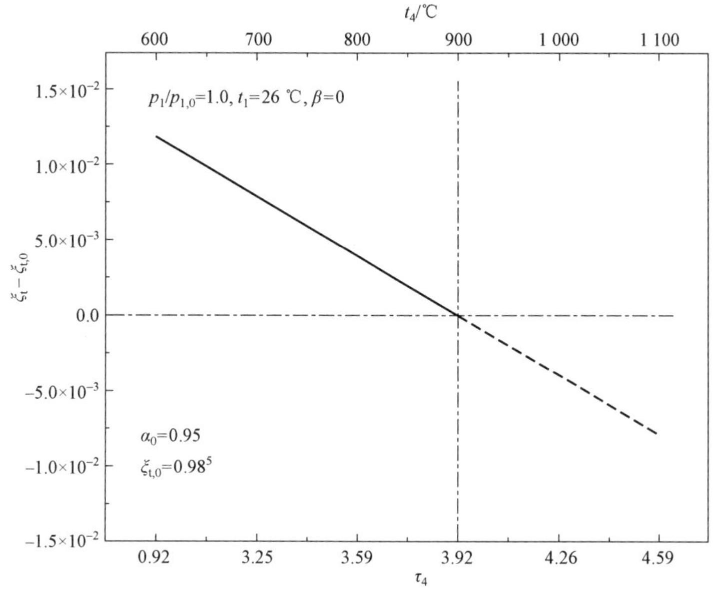

图 4-25　总压力恢复系数与循环温比的关系

表 4-11　总压力恢复系数与循环温比的关系

τ_4	t_4 (℃)	$\xi_t - \xi_{t,0}$
2.92	600	1.19×10^{-2}
3.25	700	7.91×10^{-3}
3.59	800	3.96×10^{-3}
3.92	900	0.00

注：$\frac{p_1}{p_{1,0}}=1.0$，$t_1=26$ ℃，$\beta=0$，$\alpha_0=0.95$，$\xi_{t,0}=0.98^5$。

总压力恢复系数 ξ_t 与旁路阀分流率 β 的关系如图 4-26 所示，其数值如表 4-12 所示，随着分流率 β 的增大总压力恢复系数 ξ_t 也有所增大，当 β 增至 50%时 ξ_t 与额定工况 $\xi_{t,0}$ 的差值达到 5.67%。与相对充装量 $p_1/p_{1,0}$ 和循环温比 τ_4 相比，旁路阀分流率 β 对总压力恢复系数 ξ_t 的影响要大一些。

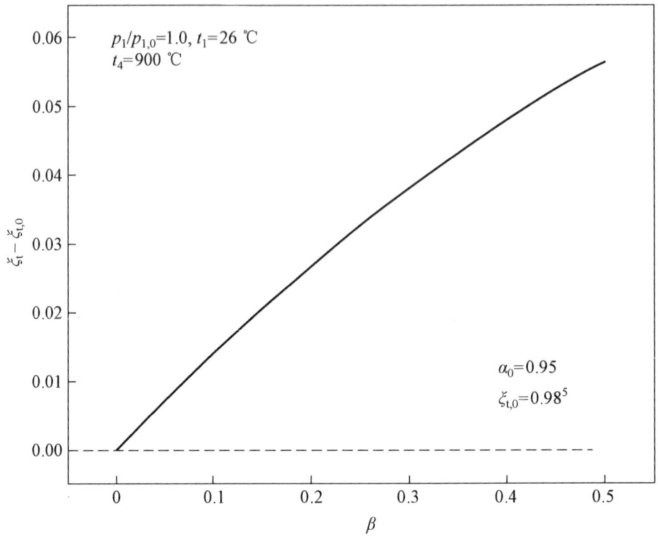

图 4-26　总压力恢复系数与分流率的关系

表 4-12　总压力恢复系数与分流率的关系

β	$\xi_t-\xi_{t,0}$
0	0.00
0.1	1.42×10^{-2}
0.2	2.69×10^{-2}
0.3	3.83×10^{-2}
0.4	4.82×10^{-2}
0.5	5.67×10^{-2}

注：$\frac{p_1}{p_{1,0}}=1.0$，$t_1=26$℃，$t_4=900$℃，$\alpha_0=0.95$，$\xi_{t,0}=0.98^5$。

回热度α与相对充装量$p_1/p_{1,0}$的关系如图 4-27 所示，其数值如表 4-13 所示。随着$p_1/p_{1,0}$的下降，α略有提高，整个区域α与额定工况的α_0的差值几乎小于 1%。

表 4-13　回热度与相对充装量的关系

$\frac{p_1}{p_{1,0}}$	$\alpha-\alpha_0$
0.3	1.03×10^{-2}
0.4	8.02×10^{-3}
0.5	6.19×10^{-3}
0.6	4.64×10^{-3}
0.7	3.28×10^{-3}
0.8	2.08×10^{-3}
0.9	9.92×10^{-4}
1	0.00

注：$\frac{p_1}{p_{1,0}}=1.0$，$t_1=26$℃，$t_4=900$℃，$\alpha_0=0.95$，$\xi_{t,0}=0.98^5$。

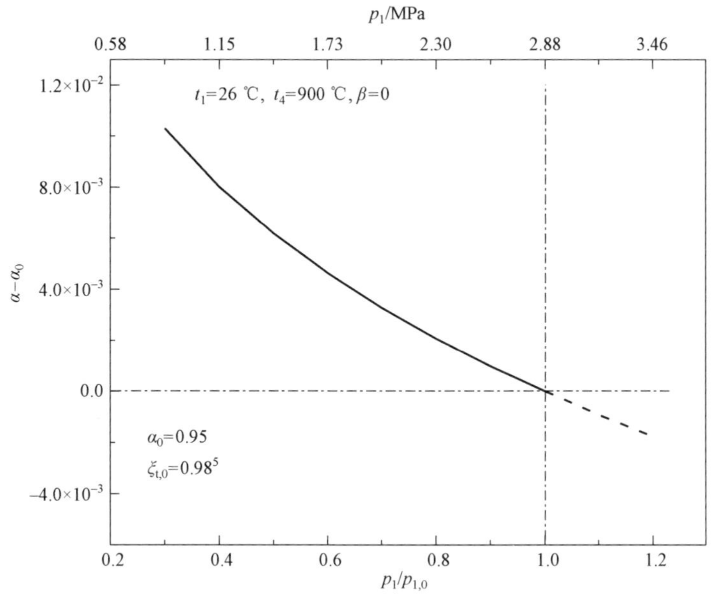

图 4-27　回热度与相对充装量的关系

回热度α与循环温比τ_4的关系如图 4-28 所示，其数值如表 4-14 所示。可以看出，随着τ_4对应的循环最高温度t_4的减小，α略微下降，整个区域α与额定工况的α_0的差值几乎小于 0.1%。

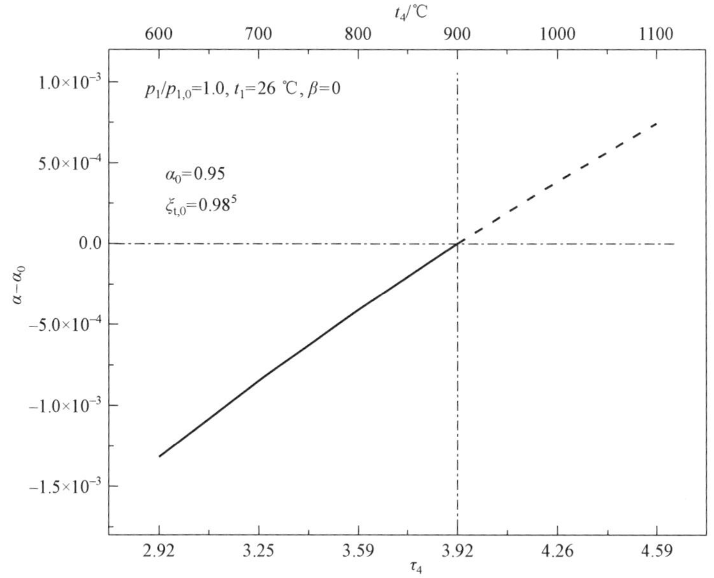

图 4-28　回热度与循环温比的关系

表 4-14　回热度与循环温比的关系

τ_4	t_4 (℃)	$\alpha-\alpha_0$
2.92	600	-1.32×10^{-3}
3.25	700	-8.48×10^{-4}
3.59	800	-4.09×10^{-4}
3.92	900	0.00

注：$\frac{p_1}{p_{1,0}}=1.0$，$t_1=26$℃，$\beta=0$，$\alpha_0=0.95$，$\xi_{t,0}=0.98^5$。

回热度α与旁路阀分流率β的关系如图 4-29 所示，其数值如表 4-15 所示，随着分流率β的增大回热度α也有所增大，整个区域α与额定工况的α_0的差值小于 1%。

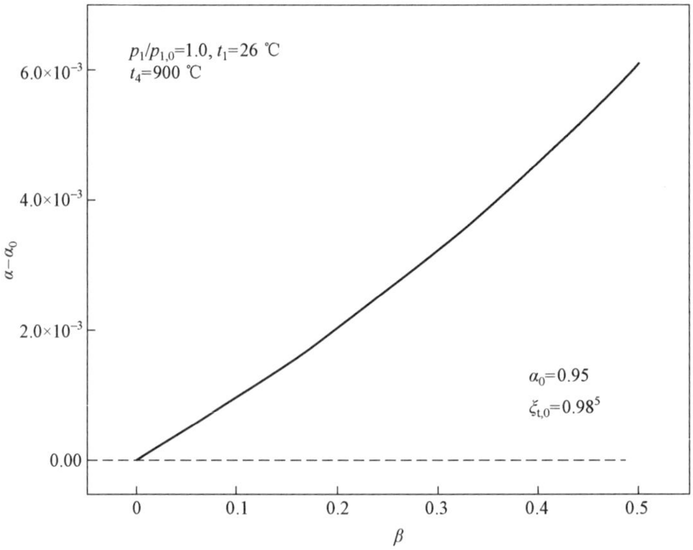

图 4-29　回热度与分流率的关系

表 4-15　回热度与分流率的关系

β	$\alpha-\alpha_0$
0	0.00
0.1	9.68×10^{-4}
0.2	2.03×10^{-3}
0.3	3.22×10^{-3}
0.4	4.56×10^{-3}
0.5	6.10×10^{-3}

注：$\frac{p_1}{p_{1,0}}=1.0$，$t_1=26$℃，$t_4=900$℃，$\alpha_0=0.95$，$\xi_{t,0}=0.98^5$。

（2）额定工况总压力恢复系数 $\xi_{t,0}$ 和回热度 α_0 变化

如果额定工况总压力恢复系数 $\xi_{t,0}$ 和回热度 α_0 变化，总压力恢复系数 ξ_t 和回热度 α 与 3 个无量纲自由度（即相对充装量 $p_1/p_{1,0}$、循环温比 τ_4 和旁路阀分流率 β）的函数关系的趋势是一样的，但是数值有差异。

总压力恢复系数 ξ_t 与相对充装量 $p_1/p_{1,0}$ 的关系如表 4-16 所示。ξ_t 与 $p_1/p_{1,0}$ 的变化趋势与图 4-24 的是一致的，ξ_t 是 $p_1/p_{1,0}$ 的单调减函数。随着额定工况总压力恢复系数 $\xi_{t,0}$ 的变化，ξ_t 与 $\xi_{t,0}$ 的差值略有不同，但是变化很小而且接近于 0。在初步设计中可以假设总压力恢复系数 ξ_t 与系统工质充装量 $p_1/p_{1,0}$ 无关。

表 4-16　总压力恢复系数与相对充装量的关系（曲线族）

	$\xi_{t,0}=0.92^5=0.659$	$\xi_{t,0}=0.95^5=0.774$	$\xi_{t,0}=0.98^5=0.904$
$\frac{p_1}{p_{1,0}}$	$\xi_t-\xi_{t,0}$	$\xi_t-\xi_{t,0}$	$\xi_t-\xi_{t,0}$
0.3	1.11×10^{-4}	1.25×10^{-4}	7.41×10^{-5}
0.4	8.69×10^{-5}	9.78×10^{-5}	5.78×10^{-5}
0.5	6.70×10^{-5}	7.54×10^{-5}	4.46×10^{-5}
0.6	5.02×10^{-5}	5.65×10^{-5}	3.34×10^{-5}
0.7	3.55×10^{-5}	4.00×10^{-5}	2.37×10^{-5}
0.8	2.25×10^{-5}	2.53×10^{-5}	1.50×10^{-5}
0.9	1.07×10^{-5}	1.21×10^{-5}	7.15×10^{-6}
1	0	0	0

注：$t_1=26$ ℃，$t_4=900$ ℃，$\beta=0$，$\alpha_0=0.95$。

总压力恢复系数 ξ_t 与循环温比 τ_4 的关系如图 4-30 所示，数值如表 4-17 所示。ξ_t 与 τ_4 的变化关系与图 4-25 的是一致的，ξ_t 是 τ_4 的单调减函数，但是随着额定工况总压力恢复系数 $\xi_{t,0}$ 的减小，$\xi_t/\xi_{t,0}$ 的值整体趋大。若 $\xi_{t,0}$ 等于 0.92^5，当 τ_4 对应的循环最高温度 t_4 为 600 ℃时，$\xi_t/\xi_{t,0}$ 为 1.06。在初步设计中，当额定工况总压力恢复系数 $\xi_{t,0}$ 较大时，可以假设总压力恢复系数 ξ_t 与 τ_4 无关。

表 4-17　总压力恢复系数与循环温比的关系（曲线族）

		$\xi_{t,0}=0.92^5=0.659$		$\xi_{t,0}=0.95^5=0.774$		$\xi_{t,0}=0.98^5=0.904$	
t_4 ℃	τ_4	ξ_t	$\frac{\xi_t}{\xi_{t,0}}$	ξ_t	$\frac{\xi_t}{\xi_{t,0}}$	ξ_t	$\frac{\xi_t}{\xi_{t,0}}$
600	2.92	0.699	1.06	0.801	1.04	0.916	1.01
700	3.25	0.686	1.04	0.792	1.02	0.912	1.01
800	3.59	0.673	1.02	0.783	1.01	0.908	1.00
900	3.92	0.659	1.00	0.774	1.00	0.904	1.00

注：$p_1/p_{1,0}=1.0$，$\beta=0$，$\alpha_0=0.95$。

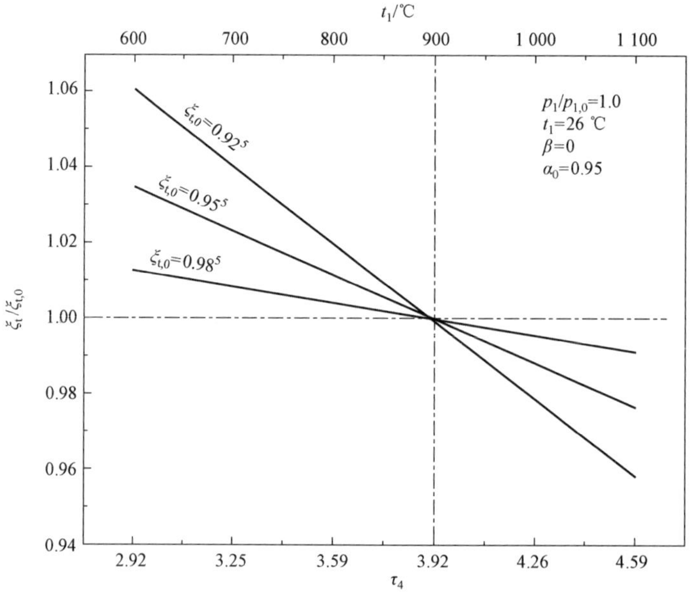

图 4-30　总压力恢复系数与循环温比的关系（曲线族）

回热度 α 与相对充装量 $p_1/p_{1,0}$ 的关系如图 4-31 所示，数值如表 4-18 所示。α 与 $p_1/p_{1,0}$ 关系的每条曲线的趋势与图 4-27 的是一致的，α 是 $p_1/p_{1,0}$ 的单调减函数，但是随着额定工况回热度 α_0 的减小，α/α_0 的值整体趋大。若 α_0 等于 0.45，当 $p_1/p_{1,0}$ 为 0.3 时，α/α_0 为 1.13。在初步设计中，当额定工况回热度 α_0 较大时，可以假设回热度 α 与系统工质充装量 $p_1/p_{1,0}$ 无关。

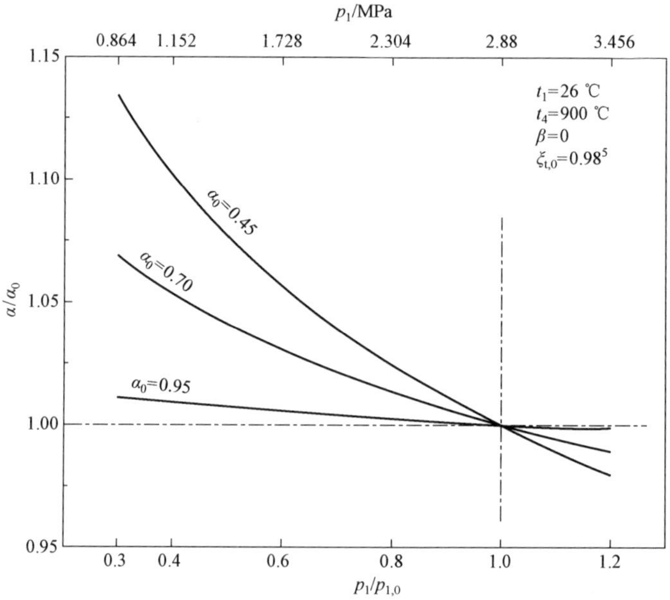

图 4-31　回热度与相对充装量的关系（曲线族）

表 4-18　回热度与相对充装量的关系（曲线族）

	$\alpha_0=0.45$		$\alpha_0=0.70$		$\alpha_0=0.95$	
$\frac{p_1}{p_{1,0}}$	α	$\frac{\alpha}{\alpha_0}$	α	$\frac{\alpha}{\alpha_0}$	α	$\frac{\alpha}{\alpha_0}$
0.3	0.510	1.13	0.748	1.07	0.960	1.01
0.4	0.496	1.10	0.737	1.05	0.958	1.01
0.5	0.485	1.08	0.728	1.04	0.956	1.01
0.6	0.475	1.06	0.721	1.03	0.955	1.00
0.7	0.468	1.04	0.715	1.02	0.953	1.00
0.8	0.461	1.02	0.709	1.01	0.952	1.00
0.9	0.455	1.01	0.704	1.01	0.951	1.00
1	0.450	1.00	0.700	1.00	0.950	1.00

注：$t_1=26℃$，$t_4=900℃$，$\beta=0$，$\xi_t=0.98^5$。

回热度α与循环温比τ_4的关系如表 4-19 所示。α与τ_4的变化趋势与图 4-28 的是一致的，α是τ_4的单调增函数。随着额定工况回热度α_0的不同α/α_0的值略有不同，但是变化很小，而且α/α_0的值接近于 1。在初步设计中可以假设回热度α与循环温比τ_4无关。

表 4-19　回热度与循环温比的关系（曲线族）

		$\alpha_0=0.45$		$\alpha_0=0.70$		$\alpha_0=0.95$	
t_4 ℃	τ_4	α	$\frac{\alpha}{\alpha_0}$	α	$\frac{\alpha}{\alpha_0}$	$\frac{\alpha}{\alpha_0}$	α
600	2.92	0.444	9.86×10^{-1}	0.694	9.92×10^{-1}	0.949	9.99×10^{-1}
700	3.25	0.446	9.91×10^{-1}	0.696	9.95×10^{-1}	0.949	9.99×10^{-1}
800	3.59	0.448	9.96×10^{-1}	0.698	9.97×10^{-1}	0.950	1.00
900	3.92	0.450	1.00	0.700	1.00	0.950	1.00

注：$p_1/p_{1,0}=1.0$，$\beta=0$，$\xi_t=0.98^5$。

总压力恢复系数ξ_t与旁路阀分流率β的关系如图 4-32 所示，数值如表 4-20 所示。ξ_t与β关系与图 4-26 的是一致的，ξ_t是β的单调增函数，但是随着额定工况总压力恢复系数$\xi_{t,0}$的减小，$\xi_t/\xi_{t,0}$的值整体趋大。若$\xi_{t,0}$等于 0.92^5，当β为 0.5 时，$\xi_t/\xi_{t,0}$为 1.29。

表 4-20　总压力恢复系数与分流率的关系（曲线族）

	$\xi_{t,0}=0.92^5$		$\xi_{t,0}=0.95^5$		$\xi_{t,0}=0.98^5$	
β	ξ_t	$\frac{\xi_t}{\xi_{t,0}}$	ξ_t	$\frac{\xi_t}{\xi_{t,0}}$	ξ_t	$\frac{\xi_t}{\xi_{t,0}}$
0	0.659	1.00	0.774	1.00	0.904	1.00
0.1	0.705	1.07	0.806	1.04	0.918	1.02
0.2	0.747	1.13	0.835	1.08	0.931	1.03
0.3	0.785	1.19	0.861	1.11	0.942	1.04
0.4	0.819	1.24	0.884	1.14	0.952	1.05
0.5	0.849	1.29	0.904	1.17	0.961	1.06

注：$p_1/p_{1,0}=1.0$，$t_1=26℃$，$t_4=900℃$，$\alpha_0=0.95$。

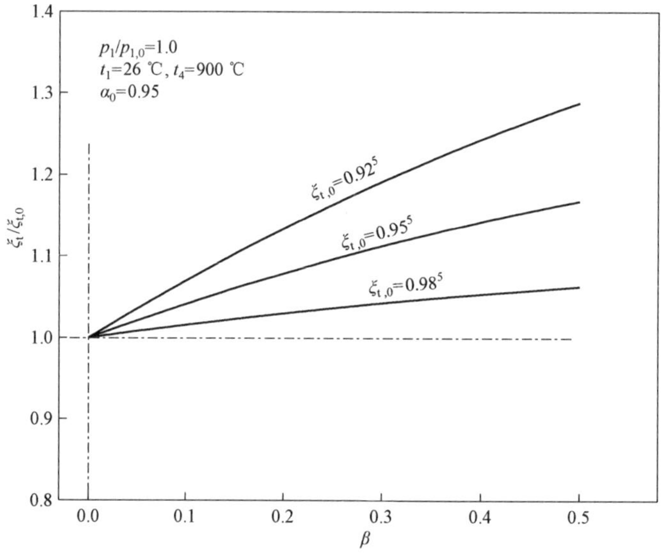

图 4-32　总压力恢复系数与分流率的关系（曲线族）

回热度 α 与旁路阀分流率 β 的关系如图 4-33 所示，数值如表 4-21 所示。α 与 β 关系的每条曲线的趋势与图 4-29 的是一致的，α 是 β 的单调增函数，但是随着额定工况回热度 α_0 的减小，α/α_0 的值整体趋大。若 α_0 等于 0.45，当 β 为 0.5 时，α/α_0 为 1.08。在初步设计中，当额定工况回热度 α_0 较大时，可以假设回热度 α 与旁路阀分流率 β 无关。

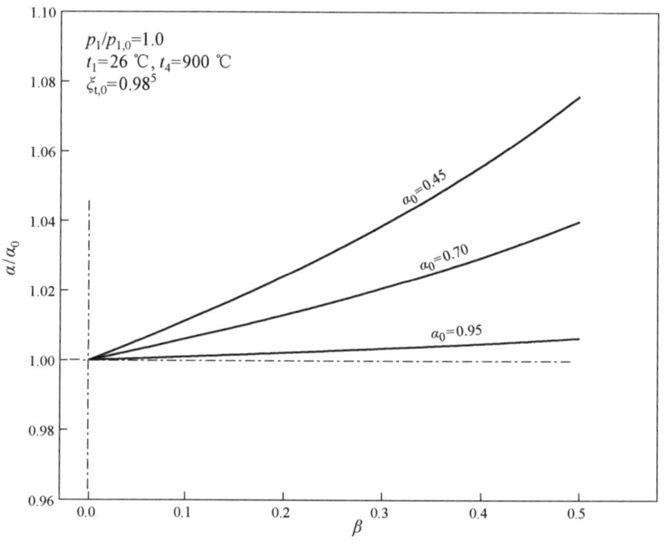

图 4-33　回热度与分流率的关系（曲线族）

表 4-21　回热度与分流率的关系（曲线族）

	$\alpha_0=0.45$		$\alpha_0=0.70$		$\alpha_0=0.95$	
β	α	$\frac{\alpha}{\alpha_0}$	α	$\frac{\alpha}{\alpha_0}$	α	$\frac{\alpha}{\alpha_0}$
0	0.450	1.00	0.700	1.00	0.950	1.00
0.1	0.455	1.01	0.704	1.01	0.951	1.00
0.2	0.461	1.02	0.709	1.01	0.952	1.00
0.3	0.467	1.04	0.715	1.02	0.953	1.00
0.4	0.475	1.06	0.721	1.03	0.955	1.00
0.5	0.484	1.08	0.728	1.04	0.956	1.01

注：$p_1/p_{1,0}=1.0$，$t_1=26$℃，$t_4=900$℃，$\xi_{t,0}=0.98^5$。

4.7　变参数变工况分析

相对于常参数变工况分析，变参数变工况分析显得复杂一些，两者的主要结论是一致的，但是细节上有些差异，变参数变工况分析更贴近于实际工况。在实际的设计工作中，充装量调节时堆芯入口温度上升的现象应该引起重视，有可能涉及核安全问题，可以采用充装量的滞后匹配法予以避免。

4.7.1　计算流程

在闭式布雷顿循环常参数变工况分析中，3 个自由度，即循环温比τ_4、系统工质相对充装量$p_1/p_{1,0}$和旁路阀分流率β，相对比较独立，见图 4-11 有分流闭式布雷顿循环常参数计算流程图。只有τ_4对热力循环最核心的各节点无量纲温度τ_i以及各子过程的比焓差Δi_j有影响，$p_1/p_{1,0}$和β并不涉及。在变参数变工况分析中，τ_4、$p_1/p_{1,0}$和β的变化都会引起各子过程的压力恢复系数ξ_j和回热器回热度α的变化，从而引起各节点无量纲温度τ_i以及各子过程的比焓差Δi_j的变化，见图 4-34 有分流闭式布雷顿循环变参数计算流程图。

4.7.2　各节点温度的变化

在变参数变工况的计算分析中，循环温比τ_4、系统工质相对充装量$p_1/p_{1,0}$和旁路阀分流率β的变化都会引起循环节点的压力和温度变化，这里选择两个重要的节点参数，即透平出口无量纲温度τ_5和堆芯入口无量纲温度τ_3进行观察分析。

循环温比τ_4的变化对节点无量纲温度τ_i的影响如图 4-35 所示，其值如表 4-22 所示。随着τ_4的下降，透平出口无量纲温度τ_5和堆芯入口无量纲温度τ_3也随之下降，变参数计算所得τ_5和τ_3的值和常参数所得的值非常接近，在图 4-35 的曲线中难以分辨，在表 4-22 的数值中可以发现细小的区别。若τ_4所对应的堆芯出口温度t_4从 900 ℃降至 650 ℃，变参数和常参数计算所得τ_5所对应的透平出口温度t_5的差别从 0 ℃变化到

2.6 ℃，τ_3所对应的堆芯入口温度t_3的差别从 0 ℃变化到 2.8 ℃。总的来说，堆芯出口温度t_4变化时变参数计算和常参数计算所得热力循环节点温度的差别较小。

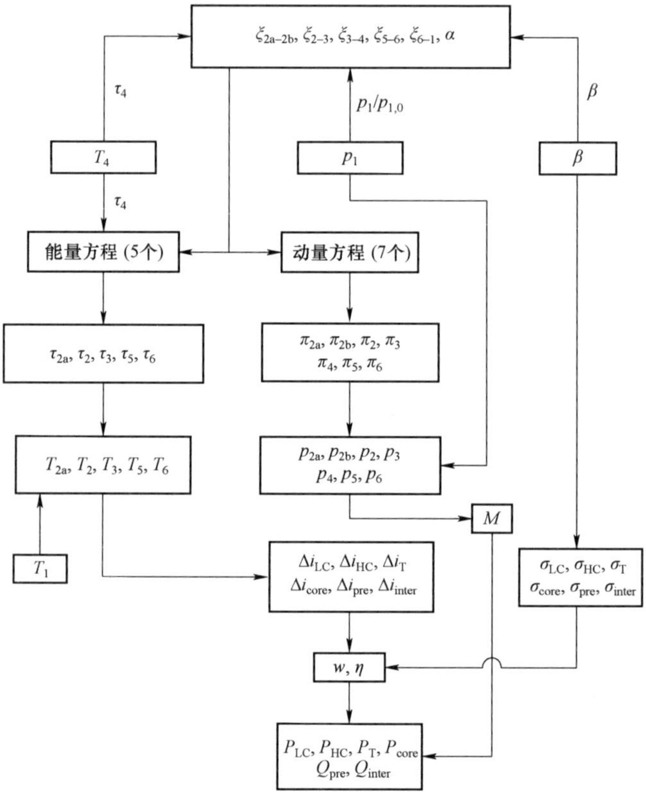

图 4-34　有分流闭式布雷顿循环变参数计算流程图

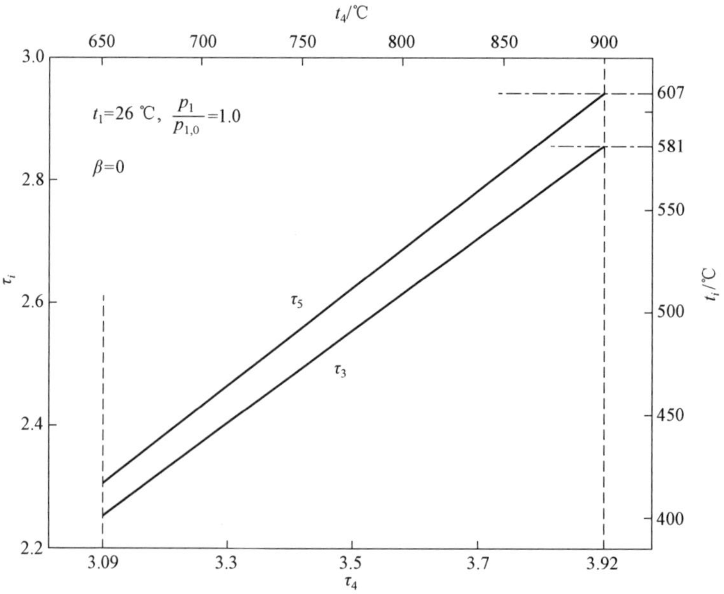

图 4-35　循环温比变化对节点温度的影响

表 4-22　循环温比变化对节点温度的影响

	变参数			常参数	
t_4/℃	τ_4	τ_5	τ_3	$\tau_{5,i}$	$\tau_{3,i}$
900	3.92	2.94	2.86	2.94	2.86
850	3.75	2.81	2.73	2.82	2.74
800	3.59	2.69	2.61	2.69	2.62
750	3.42	2.56	2.49	2.57	2.50
700	3.25	2.43	2.37	2.44	2.38
650	3.09	2.31	2.25	2.32	2.26

系统工质相对充装量 $p_1/p_{1,0}$ 的变化对节点无量纲温度 τ_i 的影响如图 4-36 所示，其值如表 4-23 所示。随着 $p_1/p_{1,0}$ 的下降，常参数计算所得透平出口无量纲温度 τ_5 和堆芯入口无量纲温度 τ_3 为常数保持不变。变参数计算所得 τ_5 与常参数所得的基本相同保持不变（表 4-23 数据增加小数点后的位数可以看出不同）；变参数计算所得 τ_3 随 $p_1/p_{1,0}$ 的下降而略有升高，与常参数所得的有细小差别。若 $p_1/p_{1,0}$ 从 1.0 降至 0.3，变参数和常参数计算所得 τ_5 所对应的透平出口温度 t_5 几乎相同，因为 $p_1/p_{1,0}$ 对循环总压力恢复系数 ξ_t 的影响很小；τ_3 所对应的堆芯入口温度 t_3 的差别从 0 ℃变化到 5.3 ℃，因为 $p_1/p_{1,0}$ 对回热度 α 有一定的影响。总的来说，系统工质相对充装量 $p_1/p_{1,0}$ 变化时变参数计算和常参数计算所得循环节点温度的差别较小，但是充装量减小时堆芯入口温度会上升是一个重要的特点，值得关注。

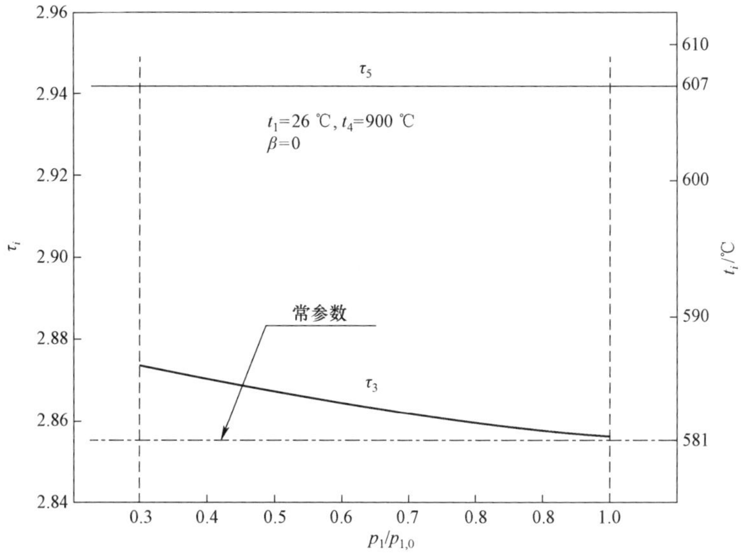

图 4-36　相对充装量变化对节点温度的影响

表 4-23 相对充装量变化对节点温度的影响

	变参数		常参数	
$\frac{p_1}{p_{1,0}}$	τ_5	τ_3	$\tau_{5,i}$	$\tau_{3,i}$
1	2.94	2.86	2.94	2.86
0.9	2.94	2.86	2.94	2.86
0.8	2.94	2.86	2.94	2.86
0.7	2.94	2.86	2.94	2.86
0.6	2.94	2.86	2.94	2.86
0.5	2.94	2.87	2.94	2.86
0.4	2.94	2.87	2.94	2.86
0.3	2.94	2.87	2.94	2.86

旁路阀分流率 β 的变化对节点无量纲温度 τ_i 的影响如图 4-37 所示，其值如表 4-24 所示。随着 β 的增大，常参数计算所得透平出口无量纲温度 τ_5 和堆芯入口无量纲温度 τ_3 为常数保持不变。变参数计算所得 τ_5 和 τ_3 随 β 的增大而减小。若 β 从 0 增大至 0.5，变参数和常参数计算所得 τ_5 所对应的透平出口温度 t_5 的差别从 0 ℃变化到-18.3 ℃，τ_3 所对应的堆芯入口温度 t_3 的差别从 0 ℃变化到－14.4 ℃。相比循环温比 τ_4 和系统工质相对充装量 $p_1/p_{1,0}$，旁路阀分流率 β 变化时变参数计算和常参数计算所得循环节点温度的差别较大。

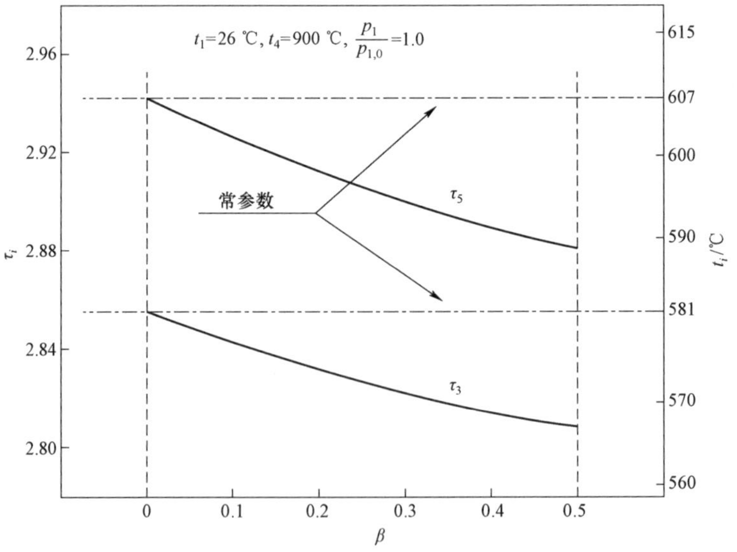

图 4-37 分流率变化对节点温度的影响

表 4-24　分流率变化对节点温度的影响

	变参数		常参数	
β	τ_5	τ_3	$\tau_{5,i}$	$\tau_{3,i}$
0	2.94	2.86	2.94	2.86
0.1	2.93	2.84	2.94	2.86
0.2	2.91	2.83	2.94	2.86
0.3	2.90	2.82	2.94	2.86
0.4	2.89	2.81	2.94	2.86
0.5	2.88	2.81	2.94	2.86

高温气冷堆氦气透平发电厂变工况运行时主要采用堆芯出口温度调节法和系统工质充装量调节法，此时常参数计算分析法所得热力循环系统各节点温度与变参数计算分析所得的相差不大，可以作为初步设计的数据加以利用，详细设计时再利用变参数计算分析所得的数据或更精确的物理和数学模型计算分析所得的数据。旁路阀调节一般用在快速降功率的工况下，此时常参数计算分析法所得结果与变参数计算分析法所得结果存在一定的偏差。

高温气冷堆氦气透平发电厂变工况运行时，各节点温度中反应堆入口温度 t_3 的变化非常重要。由图 4-35 和图 4-37 可知，堆芯出口温度调节和旁路阀调节时，t_3 小于额定工况的值，也就是低于设计值不存在安全问题。但是图 4-36 显示，系统工质充装量调节时，t_3 大于额定工况的值，是否高于设计值或安全限值值得关注。

系统工质相对充装量 $p_1/p_{1,0}$ 的变化对堆芯入口无量纲温度 τ_3 的影响如图 4-38 所示，其值如表 4-25 所示。随着 $p_1/p_{1,0}$ 的下降堆芯入口无量纲温度 τ_3 升高，回热度 α_0 越小 τ_3 升幅越大。若 $p_1/p_{1,0}$ 从 1.0 降至 0.3，当 α_0 为 0.95 时，τ_3 所对应的堆芯入口温度 t_3 的值比额定工况的值高 0 ℃至 5.3 ℃；当 α_0 为 0.70 时，τ_3 所对应的 t_3 的值比额定工况的值高 0 ℃至 24.7 ℃；当 α_0 为 0.45 时，τ_3 所对应的 t_3 的值比额定工况的值高 0 ℃至 30.9 ℃。因此，在系统工质充装量调节的设计阶段，需要考虑堆芯入口温度是否在安全限值之内。

表 4-25　相对充装量变化对堆芯入口温度的影响

	变参数			常参数		
	$\alpha_0=0.95$	$\alpha_0=0.70$	$\alpha_0=0.45$	$\alpha_0=0.95$	$\alpha_0=0.70$	$\alpha_0=0.45$
$\frac{p_1}{p_{1,0}}$	τ_3	τ_3	τ_3	$\tau_{3,i}$	$\tau_{3,i}$	$\tau_{3,i}$
1	2.86	2.43	2.00	2.86	2.43	2.00
0.9	2.86	2.43	2.01	2.86	2.43	2.00
0.8	2.86	2.44	2.02	2.86	2.43	2.00
0.7	2.86	2.45	2.03	2.86	2.43	2.00
0.6	2.86	2.46	2.04	2.86	2.43	2.00
0.5	2.87	2.48	2.06	2.86	2.43	2.00
0.4	2.87	2.49	2.08	2.86	2.43	2.00
0.3	2.87	2.51	2.10	2.86	2.43	2.00

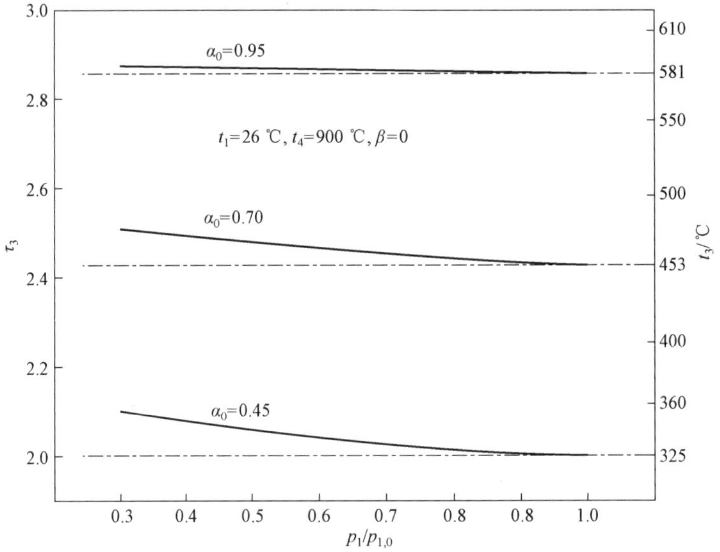

图 4-38　相对充装量变化对堆芯入口温度的影响

4.7.3　控制参数与堆芯功率的匹配

高温气冷堆氦气透平循环发电堆芯出口温度调节时，堆芯出口无量纲温度 τ_4 与堆芯相对功率 $Q_{core}/Q_{core,0}$ 的匹配关系如图 4-39 所示，数值如表 4-26 所示。随着 $Q_{core}/Q_{core,0}$ 的下降，τ_4 也随之下降，变参数计算分析所得 τ_4 比常参数计算分析所得的下降速度略快。当 $Q_{core}/Q_{core,0}$ 从 1.0 下降到 0.8，变参数计算所得 τ_4 对应的堆芯出口温度 t_4 与常参数计算所得的差值从 0 变化到 −9.5 ℃。在实际的堆芯出口温度调节中，堆芯出口温度 t_4 应该下降得比常参数计算的下降速度快一些从而自动匹配堆芯功率的下降。

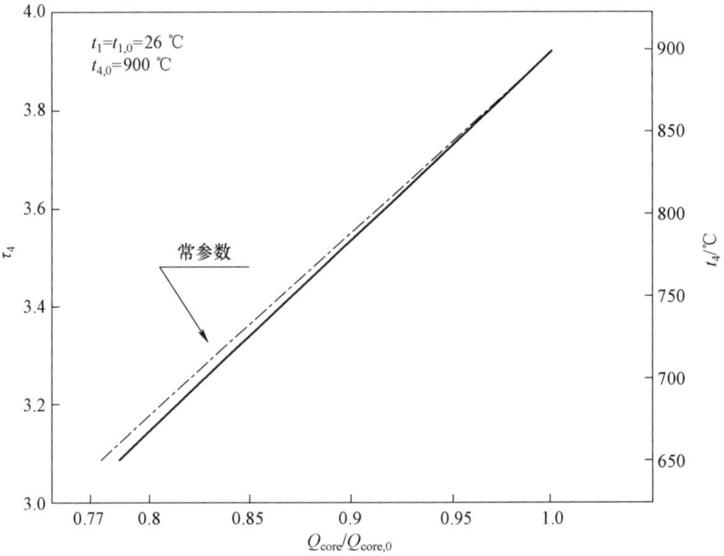

图 4-39　堆芯出口温度调节的匹配关系

表 4-26　堆芯出口温度调节的匹配关系

	变参数		常参数	
$\frac{Q_{core}}{Q_{core,0}}$	τ_4	t_4 /℃	$\tau_{4,i}$	$t_{4,i}$ /℃
1.00	3.92	900	3.92	900
0.95	3.73	842	3.74	845
0.90	3.53	784	3.55	789
0.85	3.34	726	3.37	734
0.80	3.15	669	3.18	678

高温气冷堆氦气透平循环发电工质充装量调节时，工质相对充装量 $p_1/p_{1,0}$ 与堆芯相对功率 $Q_{core}/Q_{core,0}$ 的匹配关系如图 4-40 所示，数值如表 4-27 所示。随着 $Q_{core}/Q_{core,0}$ 的下降，$p_1/p_{1,0}$ 也随之下降，变参数计算分析所得 $p_1/p_{1,0}$ 与常参数计算分析所得的基本相同，图 4-40 中两条曲线的差别分别不出，表 4-27 的数据可以发现变参数计算所得 $p_1/p_{1,0}$ 下降速度略慢，当 $Q_{core}/Q_{core,0}$ 从 1.0 下降到 0.3，变参数和常参数计算所得 $p_1/p_{1,0}$ 的差值从 0 增加到 0.6 个百分点。在实际的系统工质充装量调节时，可以控制充装量 $p_1/p_{1,0}$ 的下降速度比常参数计算所得的下降速度略微慢一些从而匹配堆芯功率的下降。

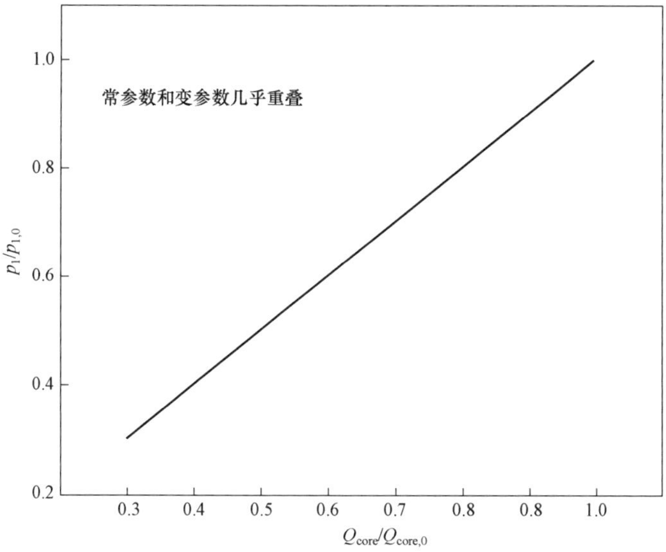

图 4-40　工质充装量调节的匹配关系

表 4-27　工质充装量调节的匹配关系

	变参数	常参数
$\frac{Q_{core}}{Q_{core,0}}$	$\frac{p_1}{p_{1,0}}$	$\left(\frac{p_1}{p_{1,0}}\right)_i$
1	1.000	1.000
0.9	0.902	0.900
0.8	0.802	0.800

续表

	变参数	常参数
0.7	0.703	0.700
0.6	0.604	0.600
0.5	0.505	0.500
0.4	0.405	0.400
0.3	0.306	0.300

高温气冷堆氦气透平循环发电旁路阀调节时，分流率 β 与堆芯相对功率 $Q_{core}/Q_{core,0}$ 的匹配关系如图 4-41 所示，数值如表 4-28 所示。随着 $Q_{core}/Q_{core,0}$ 的下降，β 随之增大，变参数计算分析所得 β 比常参数计算分析所得的上升速度略快。当 $Q_{core}/Q_{core,0}$ 从 1.0 下降到 0.5，变参数计算所得 β 与常参数计算所得的差值从 0 增加到 2 个百分点。在实际的旁路阀调节时，可以控制旁路阀分流率 β 的上升速度比常参数计算所得的上升速度略微快一些从而匹配堆芯功率的下降。

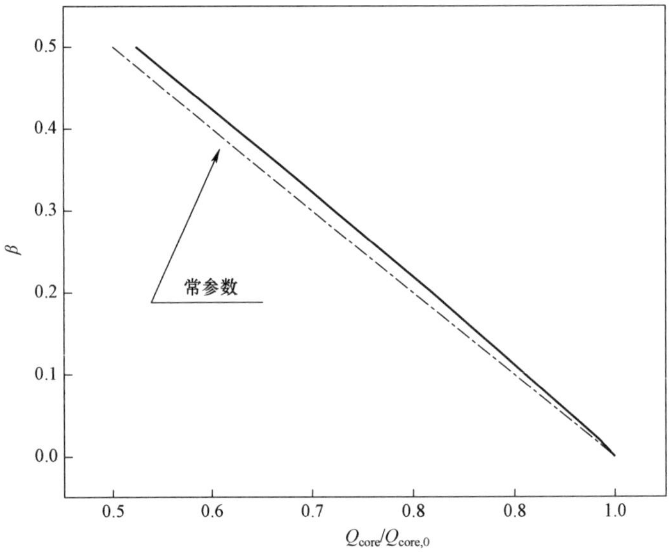

图 4-41 旁路阀调节的匹配关系

表 4-28 旁路阀调节的匹配关系

	变参数	常参数
$\frac{Q_{core}}{Q_{core,0}}$	β	β_i
1	0.000	0.000
0.9	0.112	0.100
0.8	0.219	0.200
0.7	0.324	0.300
0.6	0.424	0.400
0.5	0.521	0.500

在高温气冷堆氦气透平循环发电的堆芯出口温度调节、工质充装量调节和旁路阀调节的初步设计阶段，可以使用常参数计算分析的结果，在详细设计阶段可以使用变参数或更精确的物理和数学模型的计算分析结果。

4.7.4　循环效率和输出功率

高温气冷堆氦气透平循环发电堆芯出口温度调节时，堆芯出口无量纲温度 τ_4 与循环效率 η 的关系如图 4-42 所示，数值如表 4-29 所示。随着 τ_4 的下降，η 也随之下降，变参数计算分析所得 η 的数值和常参数计算分析所得的基本相同，仔细观察变参数计算所得的略大一些。当 τ_4 所对应的堆芯出口温度从 900 ℃下降到 650 ℃，变参数计算所得 η 与常参数计算所得的差值从 0 增加到 0.6 个百分点，差值并不算大。

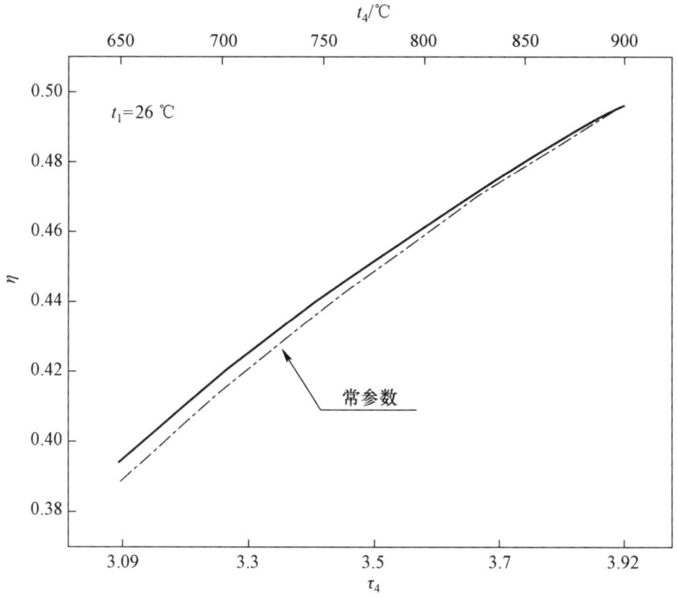

图 4-42　堆芯出口温度调节的循环效率

表 4-29　堆芯出口温度调节的循环效率

		变参数	常参数
t_4/℃	τ_4	η	η_i
900	3.92	0.497	0.497
850	3.75	0.480	0.479
800	3.59	0.462	0.460
750	3.42	0.442	0.438
700	3.25	0.419	0.415
650	3.09	0.394	0.388

高温气冷堆氦气涡透循环发电工质充装量调节时，工质相对充装量 $p_1/p_{1,0}$ 与循环效率 η 的关系如图 4-43 所示，数值如表 4-30 所示。随着 $p_1/p_{1,0}$ 的下降，常参数计算分析所得的 η 为常数保持不变，变参数分析所得的 η 略有上升。当 $p_1/p_{1,0}$ 从 1.0 下降到 0.3，变参数计算所得 η 与常参数计算所得的差值从 0 增加到 0.8 个百分点，差值也不算大。

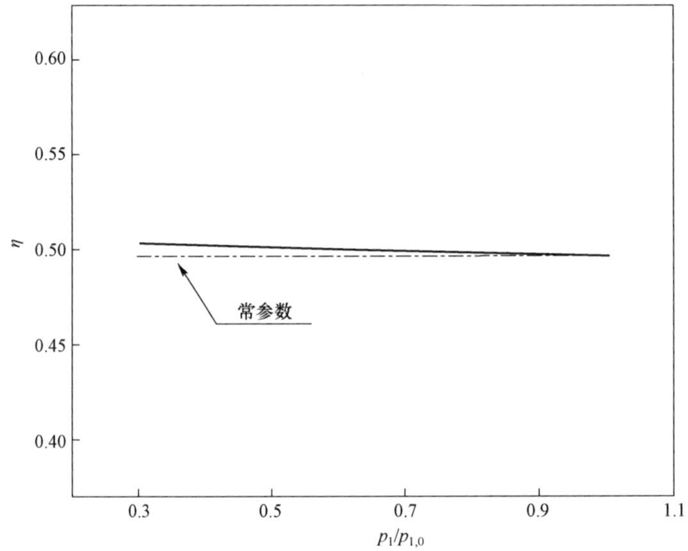

图 4-43　工质充装量调节的循环效率

表 4-30　工质充装量调节的循环效率

	变参数	常参数
$\frac{p_1}{p_{1,0}}$	η	η_i
1	0.497	0.497
0.9	0.497	0.497
0.8	0.498	0.497
0.7	0.499	0.497
0.6	0.500	0.497
0.5	0.502	0.497
0.4	0.503	0.497
0.3	0.505	0.497

高温气冷堆氦气透平循环发电旁路阀调节时，分流率 β 与循环效率 η 的关系如

图 4-44 所示，数值如表 4-31 所示。随着 β 的增大，η 随之下降，变参数计算分析所得 η 的数值大于常参数计算分析所得的值。当 β 从 0.0 增加到 0.5，变参数计算所得 η 与常参数计算所得的差值从 0 增加到 5.2 个百分点。

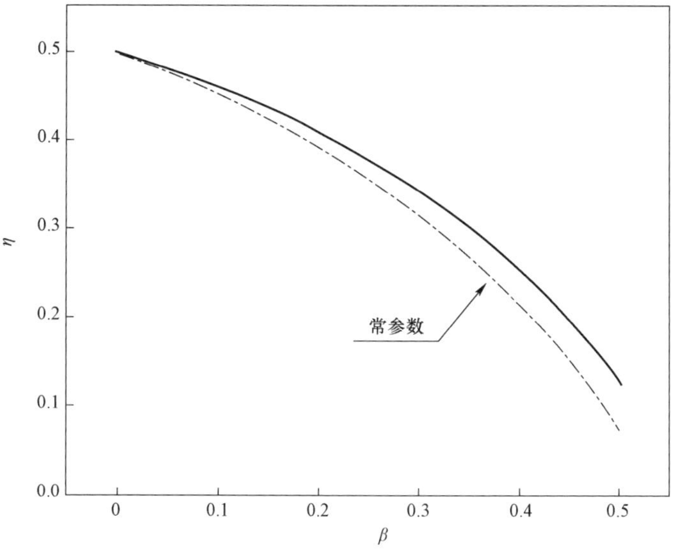

图 4-44　旁路阀调节的循环效率

表 4-31　旁路阀调节的循环效率

	变参数	常参数
β	η	η_i
0	0.497	0.497
0.1	0.459	0.450
0.2	0.409	0.391
0.3	0.344	0.315
0.4	0.254	0.215
0.5	0.126	0.074

把图 4-42 至图 4-44 的三种控制方法，即堆芯出口温度调节、工质充装量调节和旁路阀调节的数据合并，三种控制调节方法的比较如图 4-45 和图 4-46 所示。图 4-45 的横坐标为堆芯相对功率 $Q_{core}/Q_{core,0}$，纵坐标是三种控制方法所对应的循环效率 η。图 4-46 的横坐标为 $Q_{core}/Q_{core,0}$，纵坐标是三种控制方法所对应的相对输出功 P/P_0。可以看出，变参数分析计算所得的循环效率和输出功与常参数分析计算所得的差别不大，也就是说，常参数的分析计算已经具有较高的精度。

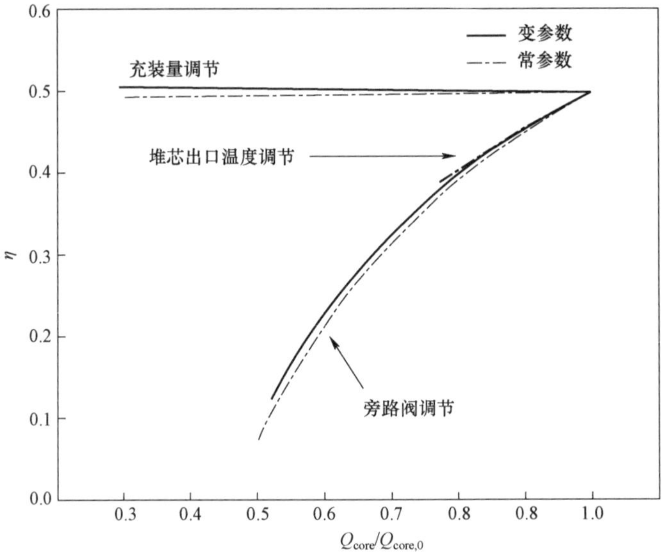

图 4-45　三种控制方法的循环效率比较

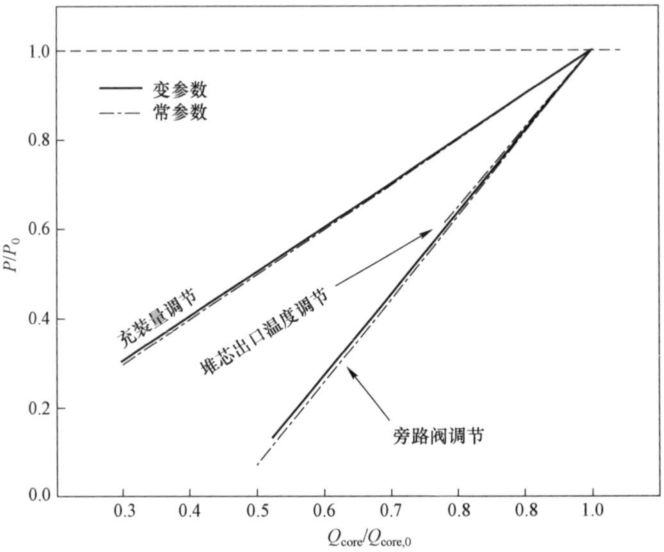

图 4-46　三种控制方法的输出功率比较

在初步分析和设计高温气冷堆氦气透平发电系统时，可以用常参数模型分析计算，待到详细计算和工程设计时再使用变参数模型或更精确的物理和数学模型进行分析计算。

4.7.5　充装量调节的滞后匹配法

高温气冷堆氦气透平循环发电变工况运行中，系统工质充装量调节方法是最主要的控制方法，因为在整个变工况运行区间循环效率可以保持基本不变。如果工质相对充装量 $p_1/p_{1,0}$ 与堆芯相对功率 $Q_{core}/Q_{core,0}$ 按图 4-40 进行“同步匹配”，非额定工况时堆

芯入口温度 t_3 高于额定工况的值，也有可能超过设计限值。为了避免这一缺陷，这里推荐 $p_1/p_{1,0}$ 与 $Q_{core}/Q_{core,0}$ 的“滞后匹配”方法，从而使 t_3 在整个变工况运行区间为常数保持不变。

充装量调节时的工质相对充装量 $p_1/p_{1,0}$ 与堆芯相对功率 $Q_{core}/Q_{core,0}$ 的匹配关系如图 4-47 工质充装量调节的滞后匹配所示，数值如表 4-32 所示。随着 $Q_{core}/Q_{core,0}$ 的下降，$p_1/p_{1,0}$ 也随之下降，滞后匹配的 $p_1/p_{1,0}$ 比同步匹配的下降速度慢一些。回热度 α_0 较大时两者相差并不明显，α_0 较小时差值增大，当 α_0 为 0.45，$Q_{core}/Q_{core,0}$ 为 0.3 时，$p_1/p_{1,0}$ 的差值为 2.8 个百分点。

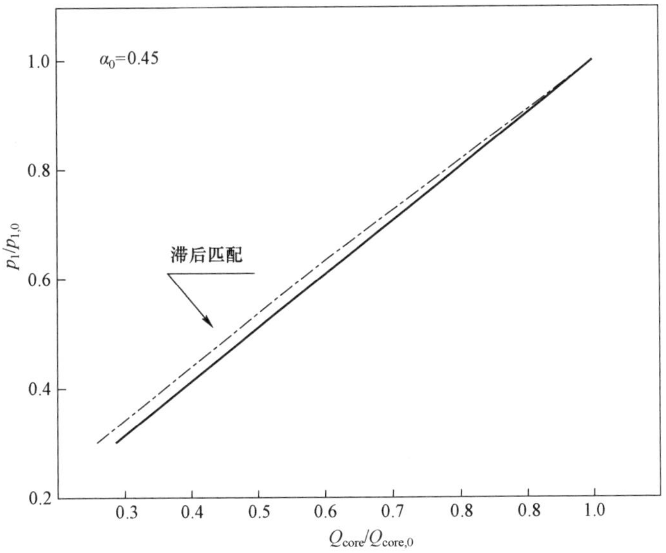

图 4-47　工质充装量调节的滞后匹配

表 4-32　工质充装量调节的滞后匹配

	同步匹配			滞后匹配		
	$\alpha_0=0.95$	$\alpha_0=0.70$	$\alpha_0=0.45$	$\alpha_0=0.95$	$\alpha_0=0.70$	$\alpha_0=0.45$
$\frac{Q_{core}}{Q_{core,0}}$	$\frac{p_1}{p_{1,0}}$	$\frac{p_1}{p_{1,0}}$	$\frac{p_1}{p_{1,0}}$	$\frac{p_1}{p_{1,0}}$	$\frac{p_1}{p_{1,0}}$	$\frac{p_1}{p_{1,0}}$
1	1	1	1	1	1	1
0.9	0.902	0.905	0.905	0.902	0.909	0.912
0.8	0.802	0.807	0.807	0.803	0.813	0.818
0.7	0.703	0.710	0.709	0.704	0.717	0.724
0.6	0.604	0.612	0.611	0.605	0.621	0.629
0.5	0.505	0.514	0.514	0.506	0.525	0.535
0.4	0.405	0.417	0.416	0.407	0.429	0.441
0.3	0.306	0.319	0.318	0.308	0.333	0.346

滞后匹配的循环效率η低于同步匹配的，如图 4-48 和表 4-33 所示。也是回热度α_0较大时两者相差并不明显，α_0较小时差值增大，当α_0为 0.45，$Q_{core}/Q_{core,0}$为 0.3 时，η的差值也只有 1.0 个百分点。

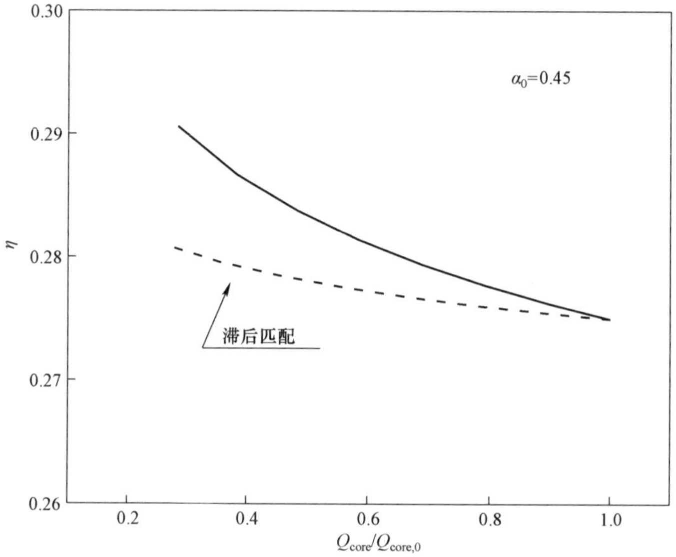

图 4-48　工质充装量调节滞后匹配的循环效率

表 4-33　工质充装量调节滞后匹配的循环效率

	同步匹配			滞后匹配		
	$\alpha_0=0.95$	$\alpha_0=0.70$	$\alpha_0=0.45$	$\alpha_0=0.95$	$\alpha_0=0.70$	$\alpha_0=0.45$
$\frac{Q_{core}}{Q_{core,0}}$	η	η	η	η	η	η
1	0.497	0.354	0.275	0.497	0.354	0.275
0.9	0.497	0.356	0.276	0.497	0.355	0.276
0.8	0.498	0.358	0.278	0.498	0.356	0.276
0.7	0.499	0.360	0.279	0.498	0.357	0.277
0.6	0.500	0.362	0.281	0.499	0.359	0.277
0.5	0.502	0.365	0.283	0.500	0.361	0.278
0.4	0.503	0.369	0.286	0.501	0.363	0.279
0.3	0.505	0.374	0.290	0.503	0.366	0.280

高温气冷堆氦气透平循环发电变工况控制，若采用滞后匹配的工质充装量调节方法，可以保证变工况运行区间内堆芯入口温度t_3是常数与额定工况一致，如图 4-49 工质充装量调节滞后匹配的堆芯入口温度所示。

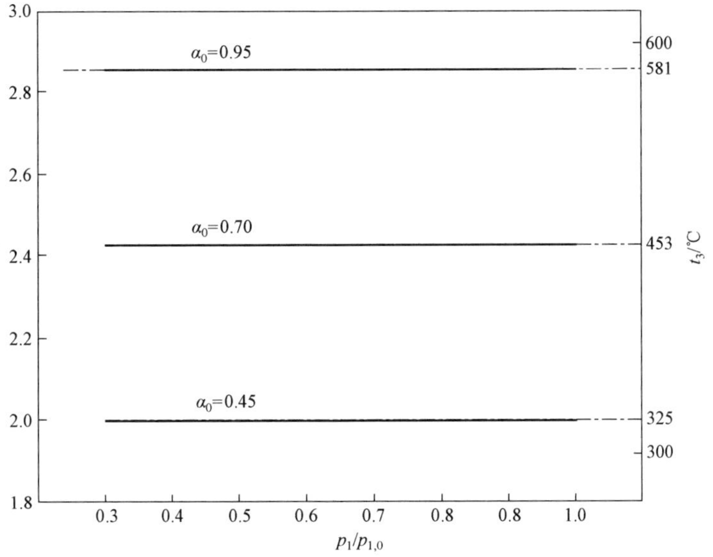

图 4-49　工质充装量调节滞后匹配的堆芯入口温度

工质充装量调节时，与同步匹配不同，滞后匹配还要影响另一个重要参数堆芯出口温度 t_4，如图 4-50 工质充装量调节滞后匹配的堆芯出口温度所示，数值如表 4-34 所示。随着工质相对充装量 $p_1/p_{1,0}$ 的下降，堆芯出口无量纲温度 τ_4 也随之下降，也是回热度 α_0 较大时下降并不明显，α_0 较小时下降幅度增大，当 α_0 为 0.45，$p_1/p_{1,0}$ 为 0.3 时，τ_4 对应的堆芯出口温度 t_4 比额定工况的数值下降 78 ℃。

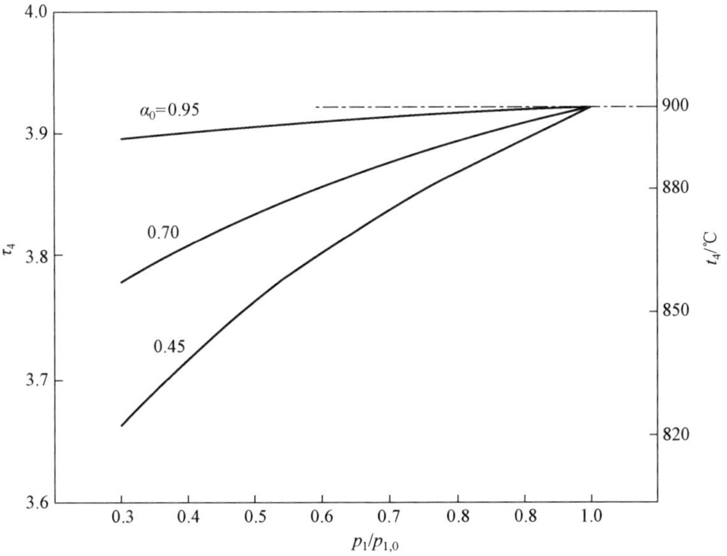

图 4-50　工质充装量调节滞后匹配的堆芯出口温度

表 4-34　工质充装量调节滞后匹配的堆芯出口温度

	$\alpha_0=0.95$		$\alpha_0=0.70$		$\alpha_0=0.45$	
$\frac{p_1}{p_{1,0}}$	τ_4	t_4/℃	τ_4	t_4/℃	τ_4	t_4/℃
1	3.92	900	3.92	900	3.92	900
0.9	3.92	899	3.91	896	3.90	892
0.8	3.92	899	3.89	891	3.87	884
0.7	3.91	898	3.88	886	3.84	875
0.6	3.91	897	3.86	881	3.80	865
0.5	3.91	896	3.84	874	3.76	853
0.4	3.90	894	3.81	867	3.72	839
0.3	3.90	893	3.78	857	3.66	822

高温气冷堆氦气透平循环发电变工况运行控制方法中，工质充装量调节方法是首选，可以在整个变工况运行区间循环效率基本保持不变。如果进一步采用工质充装量和堆芯功率的“滞后匹配”方法，还能使堆芯入口温度为常数不大于额定工况的值，从而保证安全。“滞后匹配”方法付出的代价是循环效率有所下降，但是非常有限。关于工质充装量调节的详细分析可以参考孙金龙的学位论文[6]。

思考题

1. 如果旁路支路的出口为预冷器入口，如图 4-10 有分流闭式布雷顿循环分析示意图中虚线所示，试分析分流支路的连续方程、能量方程和动量方程，并分析旁路分流对压气机入口温度 T_1 的影响。

2. 推导控制棒下插时的堆芯中子密度 n_{eu} 变化与堆芯入口温度 T_4 变化的关系，并与第 2 章的思考题 2-2 的结果相比较，设中子密度 $n_{eu}=f(\rho_{ex})$。

3. 如果各子过程流道的截面 A_j 不相等，试推导新的表 4-8 的变工况过程压力恢复系数和回热度方程组公式，并与原有的方程组相比较。

4. 如果回热器中的氦气流动处于层流状态，且阻力系数与雷诺数成反比 $f \propto 1/Re$，努谢尔特数 Nu 为常数，试推导新的表 4-8 的变工况过程压力恢复系数和回热度方程组公式，并与原有的方程组相比较。

5. 若循环最高温度 t_4 降至为 700 ℃，计算此时回热度 α 与相对充装量 $p_1/p_{1,0}$ 的关系，并与图 4-31 的结果相比较；若相对充装量 $p_1/p_{1,0}$ 降至 0.5，计算此时总压力恢复系数 ξ_t 与循环温比 τ_4 的关系，并与图 4-30 的结果相比较。

6. 若循环最高温度 t_4 降至为 700 ℃，计算此时相对充装量 $p_1/p_{1,0}$ 变化对堆芯入口温度 t_3 的影响，并与图 4-38 的结果进行比较。

第 5 章 动态过程和甩负荷工况

本章分析和阐述闭式布雷顿循环的动态过程特性，并运用具有工程背景的甩负荷工况算例进行具体的说明。数学模型对应于第 2 章的式（2-10），理论自由度为 5 个，即低压压气机入口（循环特征点）压力 p_1 和热力学温度 T_1、反应堆堆芯出口温度 T_4、旁路阀分流率 β 以及氦气透平压气机组转速 n，实际自由度变为 4 个，即 p_1、T_4、β 和 n。无量纲自由度为 4 个，即低压压气机入口压力与额定工况时的比值 $p_1/p_{1,0}$、堆芯出口温度与低压压气机入口温度比值 τ_4（$=T_4/T_1$）、旁路阀分流率 β 以及氦气透平压气机组转速与额定工况时的比值 n/n_0。本章分析计算的主要方法和内容归纳在第 2 章的表 2-1 闭式布雷顿循环分析的物理和数学模型之中。

5.1 循环系统通用分析方法

典型的高温气冷堆氦气透平循环发电系统如第 2 章的图 2-1 所示，根据图 2-5 闭式布雷顿循环分析示意图和式（2-10），图 2-1 所展示的闭式布雷顿循环系统包含 5 个自由度。本书按照自由度个数从少到多的顺序逐步展开分析计算，第 3 章涉及 3 个自由度，第 4 章涉及 4 个自由度，第 5 章涉及全部 5 个自由度。

把第 2 章的式（2-10）代入图 2-5 形成闭式布雷顿循环的通用分析示意图，如图 5-1 所示，与第 4 章的图 4-10 相比较多了一个自由度轴系转速 n。本章的自由度有 5 个，循环特征点压力 p_1 和温度 T_1、循环最高温度 T_4、旁路阀分流率 β 以及轴系转速 n。因为 T_1 主要由环境温度决定变化幅度有限，实际自由度有 4 个 p_1、T_4、β 和 n。通过推导可以得到无量纲自由度有 4 个，系统工质相对充装量 $p_1/p_{1,0}$、循环温比 τ_4、旁路阀分流率 β 和相对转速 n/n_0。

观察图 5-1 闭式布雷顿循环通用分析示意图并与第 4 章的图 4-10 有分流闭式布雷顿循环分析示意图相比较，19 个守恒方程（包括 12 个动量方程和能量方程）没有变化，因此表 4-3 的闭式布雷顿循环守恒方程仍然适用，只是增加了 1 个自由度转速 n，主要通过第 3 章的表 3-2（1）压气机和透平机参数影响守恒方程组的解。

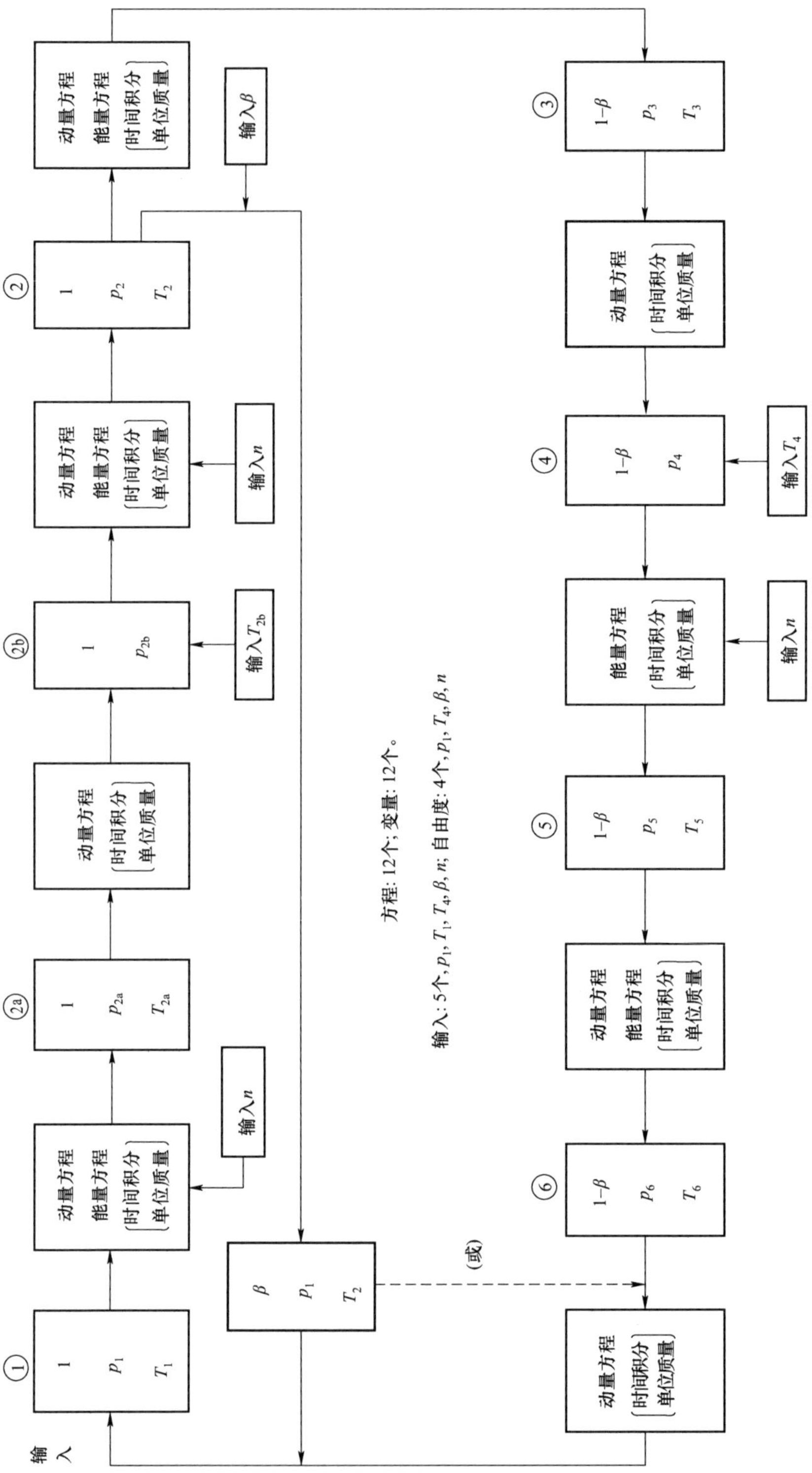

图 5-1 闭式布雷顿循环通用分析示意图

采用与式（3-20）至式（3-24）相同的方法分析可以得到解的形式：

$$\boldsymbol{X} = \boldsymbol{X}(p_1, T_1, T_4, \beta, n) \tag{5-1}$$

理论自由度是 5，实际自由度是 4。

第 4 章的表 4-4 的闭式布雷顿循环的基本结果和衍生结果也仍然适用。

闭式布雷顿循环常参数通用计算流程图如图 5-2 所示，变参数通用计算流程图如图 5-3 所示，分别与第 4 章的图 4-11 和图 4-34 相比较，图 5-2 和图 5-3 增加了一个自由度轴系转速 n。在图的上方，压气机和透平参数（表 3-2（1））是转速 n 的函数，换热流道参数（表 3-2（2））的自变量增加了一个转速 n。这里也分两步分析闭式布雷顿循环特性，第一步假设表 3-2（2）的换热流道参数为常数，进行常参数分析计算，主要考察表 3-2（1）压气机和透平参数变化对闭式布雷顿循环的影响（图 5-2）；第二步假设表 3-2（2）的换热流道参数为流量、压力和温度的函数，进行变参数分析计算，全面考察闭式布雷顿循环的特性（图 5-3）。分析计算结果显示压气机和透平参数变化的影响显著大于换热流道参数变化的影响。

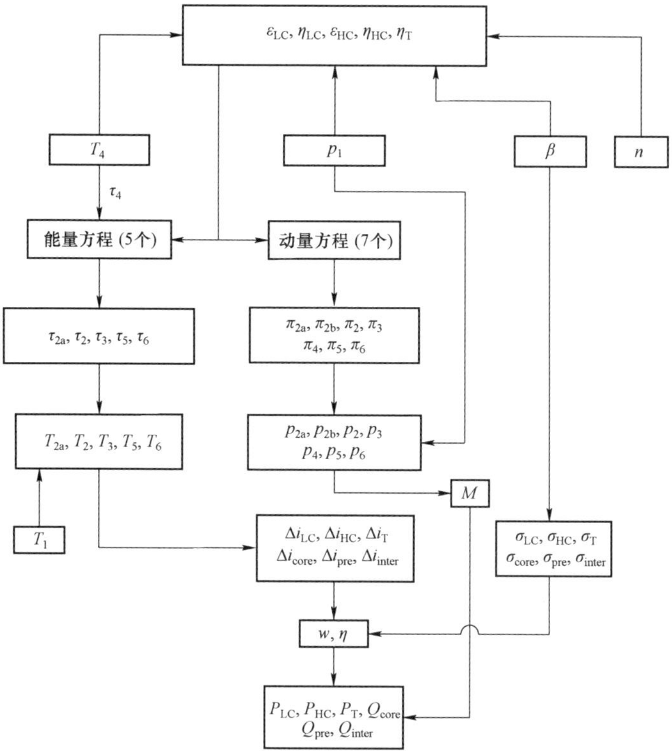

图 5-2　闭式布雷顿循环常参数通用计算流程图

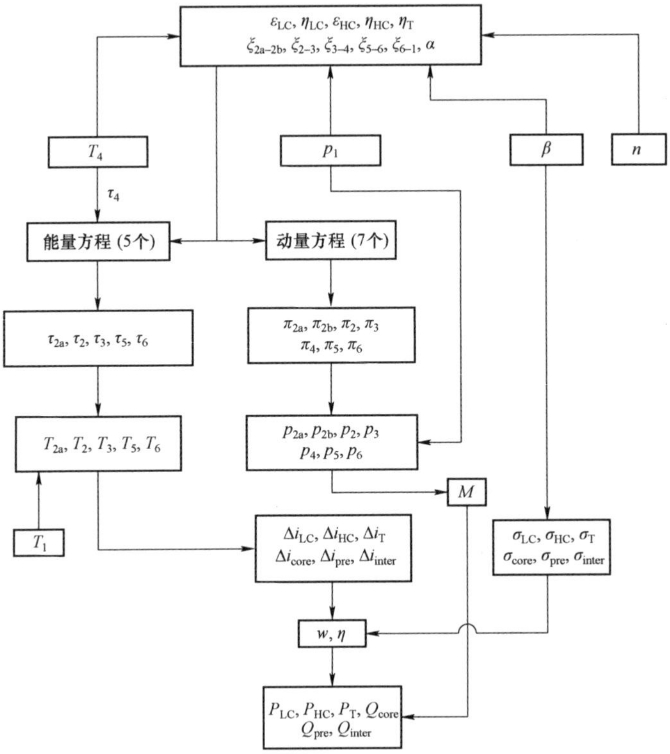

图 5-3　闭式布雷顿循环变参数通用计算流程图

5.2　动态过程分析方法

闭式布雷顿循环动态过程有诸多工况，在实际工程实践中经常遇到的有两种工况，一类是热源（堆芯）发生变化引起的热力循环的动态响应，另一类是负载（发电机）发生变化引起的热力循环的动态响应。如第 2 章的图 2-7 闭式布雷顿循环分析流程图所示，前者的桥梁是堆芯核功率，把堆芯的裂变反应与系统热力循环相连接，动态项在中子动力学方程中；后者的桥梁是压气机和透平做功，把转子的机械运动与系统热力循环相连接，动态项在转子动力学方程中。

（1）反应堆功率调节

设单位时间工质流动从反应堆堆芯带走热量为 $\dot{Q}_{\text{core},1}$，堆芯的核功率为 $\dot{Q}_{\text{core},2}$，根据热力学第一定律：

$$\dot{Q}_{\text{core},1} = \dot{Q}_{\text{core},2} \tag{5-2}$$

其中工质从堆芯带走热量 $\dot{Q}_{\text{core},1}$ 为：

$$\dot{Q}_{\text{core},1} = \dot{m}_{\text{core}} \Delta i_{\text{core}} \tag{5-3}$$

式中：$\dot{m}_{\text{core}}$ 为通过堆芯流体的质量流量；Δi_{core} 为比焓差。

进一步推导可以得到 $\dot{Q}_{\text{core},1}$ 与循环节点温度 T_i 和压力 p_i 的关系：

$$\dot{Q}_{\text{core},1} = f_1(T_\text{i}, p_\text{i}) \tag{5-4}$$

堆芯核功率 $\dot{Q}_{\text{core},2}$ 的变化分为两种情况，额定工况下：

$$\dot{Q}_{\text{core},2} = \dot{Q}_{\text{core},2}(\rho_\text{ex} = 0) \tag{5-5}$$

堆芯反应性 ρ_ex 为 0，中子密度 n_eu 不发生变化，反应堆在额定工况 $\dot{Q}_{\text{core},2}$ 下稳态运行。$\dot{Q}_{\text{core},2}$ 可以表示为：

$$\dot{Q}_{\text{core},2} = f_2\left(\frac{\mathrm{d}n_\text{eu}}{\mathrm{d}\theta}=0\right) \tag{5-6}$$

式中：n_eu 为中子密度；θ 为时间。

堆芯功率调节时：

$$\dot{Q}_{\text{core},2} = \dot{Q}_{\text{core},2}(\rho_\text{ex} \neq 0) \tag{5-7}$$

移动控制棒输入反应性，此时反应性 ρ_ex 不为 0，中子密度 n_eu 发生变化，反应堆功率 $\dot{Q}_{\text{core},2}$ 也随时间发生变化。$\dot{Q}_{\text{core},2}$ 可以表示为式（5-8）：

$$\dot{Q}_{\text{core},2} = f_2\left(\frac{\mathrm{d}n_\text{eu}}{\mathrm{d}\theta} \neq 0\right) \tag{5-8}$$

核燃料的裂变能需要通过石墨导热传输到流经堆芯的工质，因此式（5-8）$\dot{Q}_{\text{core},2}$ 与 θ 的关系包含了石墨导热时间滞后的影响因素。

式（5-4）和式（5-8）代入式（5-2）得：

$$f_1(T_\text{i}, p_\text{i}) = f_2\left(\frac{\mathrm{d}n_\text{eu}}{\mathrm{d}\theta} \neq 0\right) \tag{5-9}$$

解方程（5-9）可以得到循环节点温度 T_i 和压力 p_i 随时间 θ 的变化关系。以上公式归总在表 5-1 堆芯功率变化分析中。

上面公式中涉及的中子密度 n_eu 与时间 θ 的关系由中子动力学方程决定，这里例举点堆中子动力学方程给予简要说明：

$$\frac{\mathrm{d}n_\text{eu}}{\mathrm{d}\theta} = \frac{\rho_\text{ex} - \beta_n}{\varLambda} n_\text{eu} + \sum_{i=1}^{6} \lambda_i C_i \tag{5-10}$$

$$\frac{\mathrm{d}C_i}{\mathrm{d}\theta} = \frac{\beta_i}{\varLambda} n_\text{eu} - \lambda_i C_i \quad i = 1, 2, \cdots, 6 \tag{5-11}$$

式中：$\varLambda$ 为中子每代时间；β_i 缓发中子份额；β_n 缓发中子总份额；C_i 缓发中子先驱核浓度；λ_i 先驱核衰变常数。

解式（5-10）和式（5-11）联立方程组可以求得中子密度 n_eu 与时间 θ 的关系。通过中子密度和能谱可以求得核反应率以及核功率与时间的关系，再通过非稳态导热方程求得核功率经过石墨导热后传输给工质流体的热量 $\dot{Q}_{\text{core},2}$ 与时间 θ 的关系式（5-8），然后代入式（5-9）求得循环节点温度 T_i 和压力 p_i 随时间 θ 的变化关系。详细的计算过程可以参考丁铭的学位论文[7]。

表 5-1 堆芯功率变化分析

	工质带走热量	堆芯发热量	等式	动态方程	触发因素
	$\dot{Q}_{core,1}$	$\dot{Q}_{core,2}$	$\dot{Q}_{core,1}=\dot{Q}_{core,2}$	n_{eu} 与 θ 关系	ρ_{ex}
额定工况	$f_1(T_i,p_i)$	$f_2\left(\dfrac{dn_{eu}}{d\theta}=0\right)$	$f_1(T_i,p_i)=f_2\left(\dfrac{dn_{eu}}{d\theta}=0\right)$		$\rho_{ex}=0$
功率调节	$f_1(T_i,p_i)$	$f_2\left(\dfrac{dn_{eu}}{d\theta}\neq 0\right)$	$f_1(T_i,p_i)=f_2\left(\dfrac{dn_{eu}}{d\theta}=0\right)$	中子动力学方程	$\rho_{ex}\neq 0$

*注：$f_2\left(\dfrac{dn_{eu}}{d\theta}\neq 0\right)$应该包括石墨导热时间滞后的因素。

（2）甩负荷工况

设循环输出功率为$\dot{P}_1$，轴系消耗功率为$\dot{P}_2$，根据牛顿第一定律或第二定律：

$$\dot{P}_1=\dot{P}_2 \tag{5-12}$$

其中，轴系消耗功率$\dot{P}_2$为发电机负载或轴系加速度负载，循环输出功率$\dot{P}_1$为：

$$\dot{P}_1=\dot{P}_T-(\dot{P}_{LC}+\dot{P}_{HC}) \tag{5-13}$$

$\dot{P}_T$为透平做功功率，$\dot{P}_{LC}$低压压气机耗功功率，$\dot{P}_{HC}$高压压气机耗功功率，因此$\dot{P}_1$与比焓差Δi_j的关系为式（5-14）：

$$\dot{P}_1=\dot{m}_T\Delta i_T-(\dot{m}_{LC}\Delta i_{LC}+\dot{m}_{HC}\Delta i_{HC}) \tag{5-14}$$

$\dot{m}_j$为工质流体的质量流量，下标 T 指涡轮机，LC 低压压气机，HC 高压压气机。进一步推导可以得到$\dot{P}_1$与循环节点温度T_i和压力p_i的关系为式（5-15）：

$$\dot{P}_1=f_3(T_i,p_i) \tag{5-15}$$

轴系消耗功率$\dot{P}_2$的变化分为两种情况，额定工况下：

$$\dot{P}_2=\dot{P}_2(\dot{P}_G\neq 0)=\dot{P}_G \tag{5-16}$$

$\dot{P}_G$为发电机负荷。根据式（5-12）循环输出功率$\dot{P}_1$等于$\dot{P}_G$，轴系在额定负载功率$\dot{P}_G$和额定角速度ω_0下稳态运行，$\dot{P}_2$可以表示为式（5-17）：

$$\dot{P}_2=f_4\left(\frac{d\omega}{d\theta}=0\right) \tag{5-17}$$

式中：ω为轴系角速度；θ为时间。

甩负荷时电机失去负荷$\dot{P}_G$：

$$\dot{P}_2=\dot{P}_2(\dot{P}_G=0) \tag{5-18}$$

轴系获得角加速度角速度ω迅速上升：

$$\dot{P}_2 = f_4\left(\frac{\mathrm{d}\omega}{\mathrm{d}\theta} \neq 0\right) \tag{5-19}$$

式（5-15）和式（5-19）代入式（5-12）得：

$$f_3(T_i, p_i) = f_4\left(\frac{\mathrm{d}\omega}{\mathrm{d}\theta} \neq 0\right) \tag{5-20}$$

解方程（5-20）可以得到循环节点温度 T_i 和压力 p_i 随时间 θ 的变化关系。以上公式归总在表 5-2 负载变化分析中。

上面公式中涉及的轴系角速度 ω 与时间 θ 的关系由转子动力学方程决定

$$\dot{P}_2 = I\omega\frac{\mathrm{d}\omega}{\mathrm{d}\theta} \tag{5-21}$$

$$I = I_{\mathrm{T}} + I_{\mathrm{LC}} + I_{\mathrm{HC}} + I_{\mathrm{G}}$$

I 为轴系的转动惯量，由透平转动惯量 I_{T}、低压压气机转动惯量 I_{LC}、高压压气机转动惯量 I_{HC} 和发电机转动惯量 I_{G} 组成。求解方程（5-21）得到 $\dot{P}_2$ 与 θ 的关系式（5-19），代入式（5-20）求得循环节点温度 T_i 和压力 p_i 随时间 θ 的变化关系。下面章节将举例简要分析计算甩负荷工况的特性，详细的计算过程可以参考丁铭和洒荣园的学位论文[7-8]。

表 5-2　负载变化分析

	循环输出功率	轴系消耗功率	等式	动态方程	触发因素
	$\dot{P}_1$	$\dot{P}_2$	$\dot{P}_1 = \dot{P}_2$	ω 与 θ 关系	$\dot{P}_{\mathrm{G}}$
额定工况	$f_3(T_i, p_i)$	$f_4\left(\frac{\mathrm{d}\omega}{\mathrm{d}\theta}=0\right)$	$f_3(T_i, p_i) = f_4\left(\frac{\mathrm{d}\omega}{\mathrm{d}\theta}=0\right)$		$\dot{P}_{\mathrm{G}} \neq 0$
甩负荷工况	$f_3(T_i, p_i)$	$f_4\left(\frac{\mathrm{d}\omega}{\mathrm{d}\theta}=0\right)$	$f_3(T_i, p_i) = f_4\left(\frac{\mathrm{d}\omega}{\mathrm{d}\theta}=0\right)$	转子动力学方程	$\dot{P}_{\mathrm{G}} = 0$

5.3　甩负荷工况热力循环分析

甩负荷工况属于由负载（发电机）发生变化引起的热力循环的动态响应。甩负荷工况分析由两部分组成，一部分是负载变化与热力循环的关系，另一部分是负载变化与转子动力学的关系，两者的结合便形成甩负荷工况的分析。本节首先进行负载变化与热力循环关系的分析。

5.3.1　压气机和透平性能图

甩负荷工况涉及氦气透平发电机组转速 n 的变化，因此需要使用压气机和透平机性能图，甩负荷特性与氦气透平压气机组性能图密切相关，使用不同的机型呈现出不同的甩负荷特性。在此选用酒荣园学位论文[8]中的机型进行分析，若选择其他机型，分析方法相同具体数据有差异。

图 5-4 为压气机性能图，因为低压压气机和高压压气机气动设计相同，所以两机的性能图是一样的都是图 5-4，只是流道的体积流量不同前者大后者小。图 5-5 为透平额定转速下的等熵效率图。透平压气机组的设计参数和运行条件如表 5-3 氦气透平压气机组额定工况参数所示。与第 3 章和第 4 章的算例相比较，该氦气透平压气机组的工作温度较低，额定工况透平入口温度 $t_{4,0}$ 为 750 ℃。下面将以 $t_{4,0}$ 等于 750 ℃为背景对高温气冷堆氦气透平循环发电的甩负荷工况进行研究，然后再推广到 $t_{4,0}$ 等于 900 ℃的场景中。

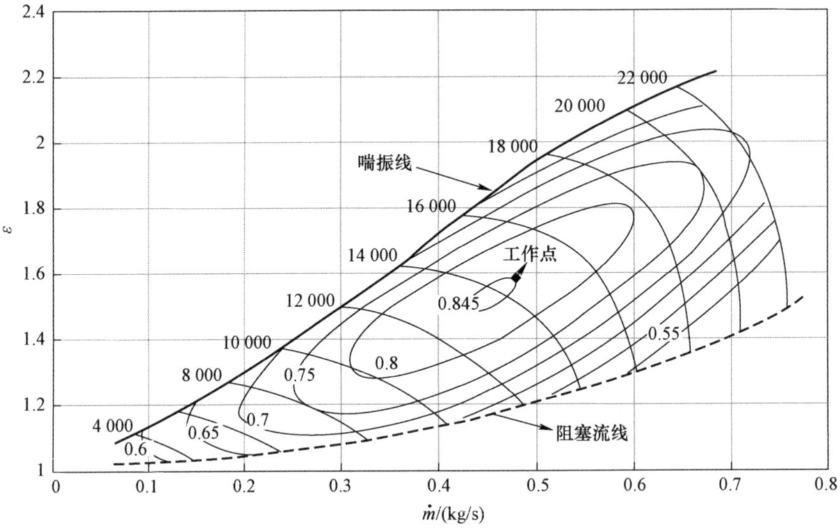

图 5-4　压气机性能图

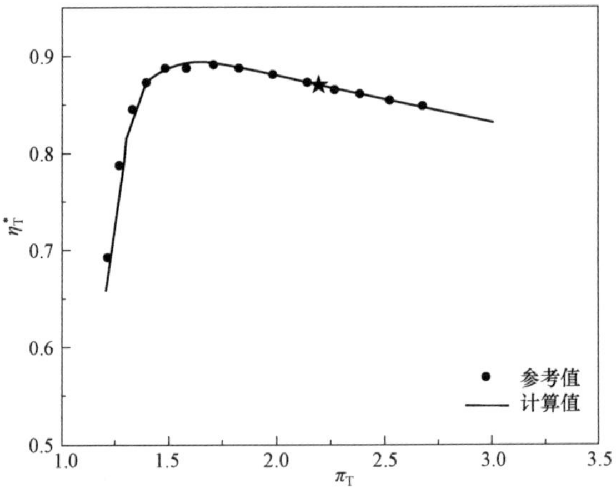

图 5-5　额定转速时透平等熵效率图

表 5-3 氦气透平压气机组额定工况参数

参数	符号	数值
转速	n_0 /（r/min）	14 580
压气机进口温度	$t_{1,0}$ /℃	26
压气机压缩比	ε_0	1.58
压气机等熵效率	η_0	0.845
透平进口温度/℃	$t_{4,0}$ /℃	750
透平等熵效率	$\eta_{T,0}$	0.865

注：$\varepsilon_{LC,0}=\varepsilon_{HC,0}=\varepsilon_0$，$\eta_{LC,0}=\eta_{HC,0}=\eta_0$。

因为低压压气机和高压压气机性能相同，因此：

$$\varepsilon_{LC}=\varepsilon_{HC}=\varepsilon \tag{5-22}$$

$$\eta_{LC}=\eta_{HC}=\eta \tag{5-23}$$

再因为压气机入口温度 T_1 和压力 p_1 保持不变，经过推导可以得到质量流量与转速 n 成正比，在图 5-4 压气机性能图上可以确定运行路线，从而得到转速与压气机压缩比的关系式以及与等熵效率的关系式：

$$\varepsilon=(-3.970)\times\left(\frac{n}{n_0}\right)^3+(13.203)\times\left(\frac{n}{n_0}\right)^2+(-13.410)\times\left(\frac{n}{n_0}\right)+(5.761) \tag{5-24}$$

$$n\in[14\,580,22\,000]$$

ε 为低压压气机和高压压气机的压缩比，n_0 为额定转速 14 580 r/min，n 为转速，范围从 14 580 至 22 000 r/min。ε 首先随 n 的增大而增大，到达极大值后开始下降：

$$\eta=(-0.149\,1)\times\left(\frac{n}{n_0}\right)^2+(0.080\,71)\times\left(\frac{n}{n_0}\right)+(0.913\,3) \tag{5-25}$$

$$n\in[14\,580,22\,000]$$

η 为低压压气机和高压压气机的等熵效率，η 随 n 的增大而减小。

根据第 3 章的式（3-60），透平的膨胀比 π_T 等于压气机总压缩比 ε_C 乘以循环回路总压力恢复系数 ξ_t，这里低压压气机和高压压气机压缩比相等，因此可以表示为：

$$\pi_T=\varepsilon^2\xi_t \tag{5-26}$$

根据图 5-5 额定转速时透平等熵效率图，透平在额定转速 n_0 时膨胀比 π_T 与等熵效率 η_T^* 的关系：

$$\eta_T^*=(0.969\,1)\exp((-0.05)\pi_T)+(-2.587\times10^5)\exp((-11.45)\pi_T) \tag{5-27}$$

在额定工况 $\pi_{T,0}$ 以上区域，η_T^* 随着 π_T 的增大而下降。转速对透平等熵效率 η_T 的影响可以用符吕盖尔公式表示：

$$\frac{\eta_{\mathrm{T}}}{\eta_{\mathrm{T}}^*}=X(2-X) \tag{5-28}$$

式中：X 为修正系数。

在高温气冷堆氦气透平循环发电系统甩负荷工况中，氦气透平发电机组失去负荷转速急剧上升，需要立即插落控制棒停堆同时打开旁路阀，旁路阀打开后转速开始减速或下降。旁路阀打开的时刻一般在 1 s 量级，转速下降到安全限值的时间在 10 s 量级。由于高温气冷堆热惯性非常大，在这个时间段内堆芯出口温度下降很少，可以视为定值，这也是一个甩负荷分析的保守假设，详细分析见丁铭的学位论文[7]。因此 X 简化为氦气透平压气机组转速 n 与额定转速 n_0 之比：

$$X=\frac{n}{n_0} \tag{5-29}$$

式（5-29）代入式（5-28）得到式（5-30）：

$$\frac{\eta_{\mathrm{T}}}{\eta_{\mathrm{T}}^*}=\frac{n}{n_0}\left(2-\frac{n}{n_0}\right) \tag{5-30}$$

5.3.2 热力循环分析

甩负荷工况分析的方程为式（5-12）或式（5-20），即循环输出功率等于轴系消耗功率，等号左侧涉及热力循环过程，等号右侧涉及转子动力学过程。这里先对热力循环过程进行分析计算，并且进行常参数计算（图 5-2），后面的章节再进行变参数计算（图 5-3）。

虽然闭式布雷顿循环动态过程的计算公式都可以在表 4-3 和表 4-4 中找到，由于甩负荷工况的复杂性和特殊性，为了方便读者这里把甩负荷相关的公式再单独梳理一遍。

在高温气冷堆氦气透平循环发电系统甩负荷情况下，当转速达到报警值时反应堆紧急停堆同时旁路阀打开，以便把转速控制在安全限值之内。这一系列的动作都在极短的时间内完成，由于巨大的热惯性反应堆出口温度几乎没有变化，循环温比 τ_4 保持不变：

$$\tau_4=\tau_{4,0} \tag{5-31}$$

因此，闭式布雷顿循环额定工况和动态工况的节点无量纲温度算式如表 5-4 所示。

表 5-4　闭式布雷顿循环节点无量纲温度算式

节点	额定工况	动态工况
2a	$\tau_{2a,0}=\left(1+\frac{\varepsilon_{\mathrm{LC},0}^{\frac{k-1}{k}}-1}{\eta_{\mathrm{LC},0}}\right)$	$\tau_{2a}=\left(1+\frac{\varepsilon_{\mathrm{LC}}^{\frac{k-1}{k}}-1}{\eta_{\mathrm{LC}}}\right)$

续表

节点	额定工况	动态工况
2	$\tau_{2,0}=\left(1+\dfrac{\varepsilon_{\mathrm{HC},0}^{\frac{k-1}{k}}-1}{\eta_{\mathrm{HC},0}}\right)$	$\tau_{2}=\left(1+\dfrac{\varepsilon_{\mathrm{HC}}^{\frac{k-1}{k}}-1}{\eta_{\mathrm{HC}}}\right)$
3	$\tau_{3,0}=\tau_{2,0}+\alpha(\tau_{5,0}-\tau_{2,0})$	$\tau_{3}=\tau_{2}+\alpha(\tau_{5}-\tau_{2})$
4	（$\tau_{4,0}$）	（$\tau_4=\tau_{4,0}$）
5	$\tau_{5,0}=\tau_{4,0}\left\{1+\eta_{\mathrm{T},0}\left[(\varepsilon_{\mathrm{LC},0}\varepsilon_{\mathrm{HC},0}\xi_{\mathrm{t},0})^{-\left(\frac{k-1}{k}\right)}-1\right]\right\}$	$\tau_{5}=\tau_{4}\left\{1+\eta_{\mathrm{T}}\left[(\varepsilon_{\mathrm{LC}}\varepsilon_{\mathrm{HC}}\xi_{\mathrm{t}})^{-\left(\frac{k-1}{k}\right)}-1\right]\right\}$

低压压气机和高压压气机的无量纲温差（$\Delta\tau_{\mathrm{LC}}$ 和 $\Delta\tau_{\mathrm{HC}}$），也就是无量纲耗功为：

$$\Delta\tau_{\mathrm{LC}}=\tau_{2\mathrm{a}}-1 \tag{5-32}$$

$$\Delta\tau_{\mathrm{HC}}=\tau_{2}-1 \tag{5-33}$$

表 5-4 中的相应公式代入式（5-32）和式（5-33）：

$$\Delta\tau_{\mathrm{LC}}=\frac{\varepsilon_{\mathrm{LC}}^{\frac{k-1}{k}}-1}{\eta_{\mathrm{LC}}} \tag{5-34}$$

$$\Delta\tau_{\mathrm{HC}}=\frac{\varepsilon_{\mathrm{HC}}^{\frac{k-1}{k}}-1}{\eta_{\mathrm{HC}}} \tag{5-35}$$

压气机总无量纲耗功 $\Delta\tau_{\mathrm{C}}$：

$$\Delta\tau_{\mathrm{C}}=\Delta\tau_{\mathrm{LC}}+\Delta\tau_{\mathrm{HC}} \tag{5-36}$$

透平的无量纲温差 $\Delta\tau_{\mathrm{T}}$，也就是无量纲做功为：

$$\Delta\tau_{\mathrm{T}}=\tau_{4}-\tau_{5} \tag{5-37}$$

表 5-4 中的相应公式代入式（5-37）：

$$\Delta\tau_{\mathrm{T}}=\tau_{4}\eta_{\mathrm{T}}\left[1-(\varepsilon_{\mathrm{LC}}\varepsilon_{\mathrm{HC}}\xi_{\mathrm{t}})^{-\left(\frac{k-1}{k}\right)}\right] \tag{5-38}$$

透平的无量纲做功与循环温比 τ_4 成正比。

氦气透平压气机组轴系无量纲的循环输出功 $\Delta\tau$ 定义如下：

$$\Delta\tau=(1-\beta)\Delta\tau_{\mathrm{T}}-(\Delta\tau_{\mathrm{LC}}+\Delta\tau_{\mathrm{HC}}) \tag{5-39}$$

是涡轮机无量纲做功与压气机无量纲耗功之差，同时还应该考虑旁路阀分流率 β 的影响。以上公式归总在表 5-5 闭式布雷顿循环无量纲温差算式中。

表 5-5　闭式布雷顿循环无量纲温差（无量纲做功）算式

过程	额定工况	动态工况
0-2a	$\Delta\tau_{LC,0}=\dfrac{\varepsilon_{LC,0}^{\frac{k-1}{k}}-1}{\eta_{LC,0}}$	$\Delta\tau_{LC}=\dfrac{\varepsilon_{LC}^{\frac{k-1}{k}}-1}{\eta_{LC}}$
2b-2	$\Delta\tau_{HC,0}=\dfrac{\varepsilon_{HC,0}^{\frac{k-1}{k}}-1}{\eta_{HC,0}}$	$\Delta\tau_{HC}=\dfrac{\varepsilon_{HC}^{\frac{k-1}{k}}-1}{\eta_{HC}}$
4-5	$\Delta\tau_{T,0}=\tau_{4,0}\eta_{T,0}\left[1-\left(\varepsilon_{LC,0}\varepsilon_{HC,0}\xi_{t,0}\right)^{-\left(\frac{k-1}{k}\right)}\right]$	$\Delta\tau_{T}=\tau_{4}\eta_{T}\left[1-\left(\varepsilon_{LC}\varepsilon_{HC}\xi_{t}\right)^{-\left(\frac{k-1}{k}\right)}\right]$
总	$\Delta\tau_0=\Delta\tau_{T,0}-(\Delta\tau_{LC,0}+\Delta\tau_{HC,0})$	$\Delta\tau=(1-\beta)\Delta\tau_T-(\Delta\tau_{LC}+\Delta\tau_{HC})$

把式（5-24）、式（5-25）和式（5-30）代入表 5-5 中的相应公式：

$$\Delta\tau_{LC}=\Delta\tau_{LC}\left(\frac{n}{n_0}\right) \tag{5-40}$$

$$\Delta\tau_{LC}=\Delta\tau_{LC}\left(\frac{n}{n_0}\right) \tag{5-41}$$

$$\Delta\tau_{T}=\Delta\tau_{T}\left(\frac{n}{n_0},\tau_4\right) \tag{5-42}$$

$$\Delta\tau=\Delta\tau\left(\frac{n}{n_0},\tau_4,\beta\right) \tag{5-43}$$

低压压气机和高压压气机无量纲耗功（$\Delta\tau_{LC}$ 和 $\Delta\tau_{LC}$）分别都是轴系无量纲转速 n/n_0 的函数，透平无量纲做功 $\Delta\tau_T$ 是 n/n_0 和循环温比 τ_4 的函数且与 τ_4 成正比，轴系无量纲循环输出功 $\Delta\tau$ 是 n/n_0、τ_4 和旁路阀分流率 β 的函数。因为上述公式仅用于甩负荷工况，式（5-42）和式（5-43）中的 τ_4 可以替换成 $\tau_{4,0}$。

闭式布雷顿循环动态过程的循环输出比功 Δi 定义如下：

$$\Delta i=c_pT_1\Delta\tau \tag{5-44}$$

式中：c_p 为工质比定压热容；T_1 为低压压气机入口温度。

5.3.3　热力循环特性

压气机总无量纲耗功（$\Delta\tau_{LC}+\Delta\tau_{HC}$）和透平无量纲做功 $\Delta\tau_T$ 与氦气涡轮机压气机组轴系相对转速 n/n_0 关系如图 5-6 压气机和涡轮机无量纲耗功和做功所示。

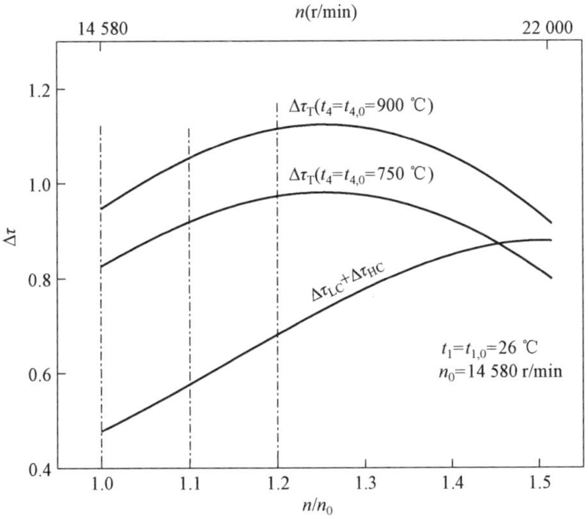

图 5-6　压气机和涡轮机无量纲耗功和做功（常参数）

$\Delta\tau_{LC}+\Delta\tau_{HC}$ 随着 n/n_0 的增大先增大达到极值后再下降。$\Delta\tau_T$ 与 n/n_0 的关系也是随着 n/n_0 的增大先增大达到极值后再下降，$\Delta\tau_T$ 与额定工况循环温比 $\tau_{4,0}$ 的关系是正比关系（表 5-5），堆芯出口温度升高透平做功能力明显增强。一般情况下，$\Delta\tau_{LC}+\Delta\tau_{HC}$ 极大值所对应的 n/n_0 要大于 $\Delta\tau_T$ 极大值所对应的 n/n_0。表 5-3 氦气涡轮机压气机组额定工况参数所选择的氦气涡轮机压气机组工作在 750 ℃条件下，在热力循环分析比较中可以假设该机器也能够工作在 900 ℃条件下。

氦气透平压气机组无量纲输出功 $\Delta\tau$ 与无量纲转速 n/n_0 的关系如图 5-7 和图 5-8 轴系无量纲输出功所示。

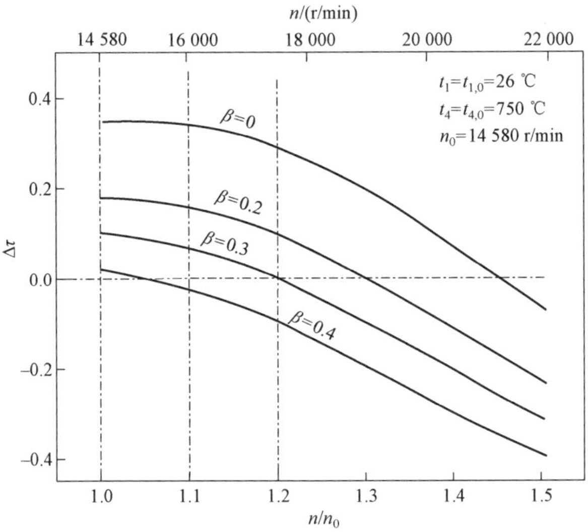

图 5-7　轴系无量纲输出功（750 ℃）（常参数）

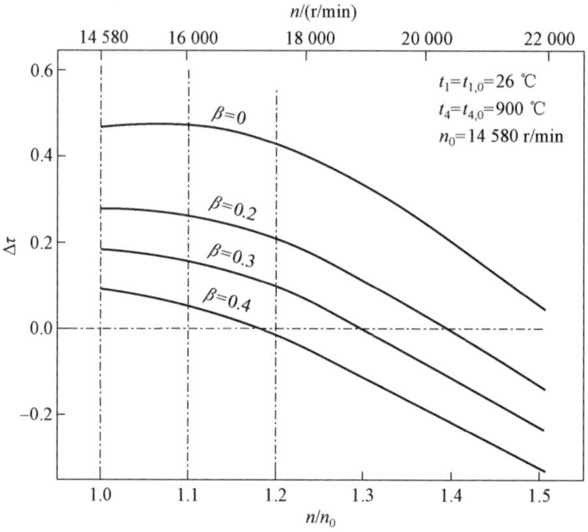

图 5-8　轴系无量纲输出功（900 ℃）（常参数）

当旁路阀关闭或旁路阀分流率 β 很小时，$\Delta\tau$ 随 n/n_0 的增大先增大后减小；当旁路阀分流率 β 较大时，$\Delta\tau$ 随 n/n_0 增大而减小。相同 n/n_0 时，$\Delta\tau$ 随额定工况循环温比 $\tau_{4,0}$ 的增大而增大（$\tau_{4,0}$ 对应于堆芯出口温度 $t_{4,0}$）。当 $\Delta\tau$ 下降为 0 时，轴系循环输出功为 0，氦气透平压气机组在此平衡点暂时稳定运行转速不再上升。可以看出，当 β 增大时，平衡点 n/n_0 下降，当 $\tau_{4,0}$ 增大时，平衡点 n/n_0 增大。也就是说，甩负荷转速平衡点随旁路阀开口度增加而减小，随堆芯额定工况出口温度增高而增大。

当无量纲输出功 $\Delta\tau$ 为 0 时转速为极值，氦气透平压气机组在此转速下暂时稳定运行，此时：

$$\beta=\frac{\Delta\tau_{\mathrm{T}}-(\Delta\tau_{\mathrm{LC}}+\Delta\tau_{\mathrm{HC}})}{\Delta\tau_{\mathrm{T}}} \tag{5-45}$$

β 为甩负荷转速平衡点所需旁路阀的分流率，如表 5-6 所示。平衡点转速 n/n_0 越小所需旁路阀开口度 β 越大，额定工况循环温比 $\tau_{4,0}$ 越大所需旁路阀开口度 β 也越大。如果平衡转速 n/n_0 为 1.2，堆芯出口温度 $t_{4,0}$ 为 750 ℃时所需旁路阀分流率为 0.30，当 $t_{4,0}$ 为 900 ℃时所需旁路阀分流率为 0.39。

表 5-6　甩负荷转速平衡点的分流率（常参数）

		$t_4=t_{4,0}=750$ ℃	$t_4=t_{4,0}=900$ ℃
n /（r/min）	$\frac{n}{n_0}$	β	β
14 580	1	0.42	0.50
16 038	1.1	0.37	0.45
17 496	1.2	0.30	0.39

式(5-45)在整个自变量区域的函数关系如图 5-9 甩负荷转速平衡点的分流率所示，如前所述，平衡转速 n/n_0 随 β 的增大而减小，随 $\tau_{4,0}$（$t_{4,0}$）的增大而增大。

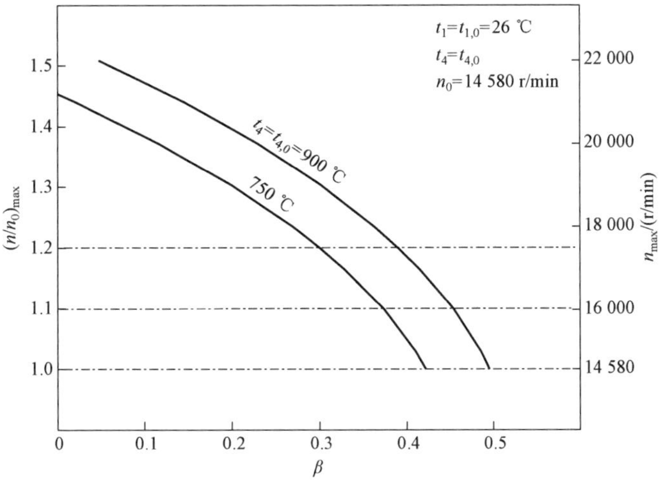

图 5-9　甩负荷转速平衡点的分流率（常参数）

5.4　常参数甩负荷工况分析

甩负荷工况分析的另一方面内容是负载变化与转子动力学的关系，然后以涡轮机压气机组做功为桥梁建立负载变化与热力循环系统的动态响应的关系。本节采用常参数分析方法，着重考察甩负荷工况下第 3 章的表 3-2（1）压气机和涡轮机参数变化对热力循环系统动态响应的影响。

5.4.1　转子动力学方程

甩负荷工况分析的方程式（5-12）或式（5-20）的等号左侧涉及热力循环过程，等号右侧涉及转子动力学过程。下面对转子动力学部分和整个方程进行分析计算。

高温气冷堆氦气透平循环发电系统正常运行时，氦气透平发电机组轴系输出功等于发电机负载，轴系转矩保持平衡并且在额定转速上运行。如果发电机失去负载，轴系的输出功会驱动氦气透平发电机组超速运转，一旦超越限值将导致安全事故。

在氦气透平发电机组甩负荷情况下，当转速达到报警值时应当立即开启旁路阀阻止轴系转速超越安全限值，同时反应堆应该紧急停堆使轴系转速逐渐下降最终停止转动。在下面的分析中报警值取额定转速的 110%，安全限值取 120%。

甩负荷工况发生时，式（5-12）或式（5-20）可以表示为：

$$\dot{P} = I\omega\frac{\mathrm{d}\omega}{\mathrm{d}\theta} \tag{5-46}$$

式中：
$$\dot{P}=\dot{P}_{\mathrm{T}}-(\dot{P}_{\mathrm{LC}}+\dot{P}_{\mathrm{HC}})$$
$$I=I_{\mathrm{T}}+I_{\mathrm{LC}}+I_{\mathrm{HC}}+I_{\mathrm{G}}$$

$\dot{P}$ 为轴系的循环输出功率，等于透平功率 $\dot{P}_{\mathrm{T}}$ 减去低压压气机功率 $\dot{P}_{\mathrm{LC}}$ 和高压压气机功率 $\dot{P}_{\mathrm{HC}}$。I 为轴系的转动惯量，由透平转动惯量 I_{T}、低压压气机转动惯量 I_{LC}、高压压气机转动惯量 I_{HC} 和发电机转动惯量 I_{G} 组成。ω 为角速度，θ 为时间。式（5-46）等号左侧为轴系循环输出功与透平和压气机的焓差相关，右侧为轴系旋转加速度与轴系的转动相关，由等号把两边的热力学和转子动力学问题联系在一起。

式（5-46）可以表示为：

$$\frac{\mathrm{d}\left(\dfrac{\omega}{\omega_0}\right)}{\mathrm{d}\theta}=\frac{\dot{P}}{I\omega\omega_0} \tag{5-47}$$

ω_0 为额定工况角速度。当时间 θ 为 0 时

$$\left.\frac{\mathrm{d}\left(\dfrac{\omega}{\omega_0}\right)}{\mathrm{d}\theta}\right|_{\theta=0}=\frac{\dot{P}_0}{I\omega_0^2}=\Omega_0 \tag{5-48}$$

Ω_0 为甩负荷的初始相对角加速度，由初始角速度 ω_0 和比转动惯量 $I/\dot{P}_0$ 组成。

用额定工况氦气透平压气机组的循环输出功率 $\dot{P}_0$ 除以式（5-46）得到：

$$\frac{\dot{P}}{\dot{P}_0}=\frac{I}{\dot{P}_0}\omega\frac{\mathrm{d}\omega}{\mathrm{d}\theta} \tag{5-49}$$

式（5-49）等号的左边可以表示为：

$$\frac{\dot{P}}{\dot{P}_0}=\frac{\Delta i}{\Delta i_0}\frac{\dot{m}}{\dot{m}_0} \tag{5-50}$$

式中：Δi 为氦气涡轮压气机组输出比功；$\dot{m}$ 为质量流量；下标 0 表示额定工况。

根据式（5-44）Δi 的定义，Δi 与额定工况 Δi_0 的比值可以表达为

$$\frac{\Delta i}{\Delta i_0}=\frac{\Delta\tau}{\Delta\tau_0} \tag{5-51}$$

为无量纲输出功 $\Delta\tau$ 与额定工况时的 $\Delta\tau_0$ 的比值。因为压气机入口温度 T_1 和压力 p_1 保持恒定，质量流量与转速成正比：

$$\frac{\dot{m}}{\dot{m}_0}=\frac{\omega}{\omega_0}=\frac{n}{n_0} \tag{5-52}$$

式中：$\dot{m}$ 为质量流量；ω 为角速度；n 为转速；下标 0 表示额定工况。

式（5-51）和式（5-52）代入式（5-50）得到式（5-53）：

$$\frac{\dot{P}}{\dot{P}_0}=\frac{\Delta\tau}{\Delta\tau_0}\frac{n}{n_0} \tag{5-53}$$

式（5-53）代入式（5-49）得到式（5-54）：

$$\frac{\Delta\tau}{\Delta\tau_0}\frac{n}{n_0}=\frac{I}{\dot{P}_0}\omega_0^2\frac{n}{n_0}\frac{\mathrm{d}\left(\frac{n}{n_0}\right)}{\mathrm{d}\theta} \tag{5-54}$$

整理得到式（5-55）：

$$\frac{\mathrm{d}\left(\frac{n}{n_0}\right)}{\mathrm{d}\theta}=\Omega_0\frac{\Delta\tau}{\Delta\tau_0} \tag{5-55}$$

相对转速加速度与初始相对角加速度成正比（或与比转动惯量成反比和与额定角速度平方成反比），与氦气透平压气机组无量纲输出功的比值成正比。

式（5-55）进一步整理成式（5-56）：

$$\mathrm{d}\theta=\frac{1}{\Omega_0}\frac{\Delta\tau_0}{\Delta\tau}\mathrm{d}\left(\frac{n}{n_0}\right) \tag{5-56}$$

积分后可以得到甩负荷后时间和转速的关系。

旁路阀关闭时：

$$\theta=\frac{\Delta\tau_0}{\Omega_0}\int_1^{n/n0}\frac{1}{\Delta\tau(\beta=0)}\mathrm{d}\left(\frac{n}{n_0}\right) \tag{5-57}$$

$$n\in[n_0,n_{\max}]$$

式中：n_0 为额定转速；$n_{\max}$ 为平衡点转速。

旁路阀开启时：

$$\theta=\frac{\Delta\tau_0}{\Omega_0}\int_1^{n^*/n_0}\frac{1}{\Delta\tau(\beta=0)}\mathrm{d}\left(\frac{n}{n_0}\right)+\frac{\Delta\tau_0}{\Omega_0}\int_{n^*/n_0}^{n/n_0}\frac{1}{\Delta\tau(\beta\neq0)}\mathrm{d}\left(\frac{n}{n_0}\right) \tag{5-58}$$

$$n\in[n_0,n_{\max}]$$

n^* 为旁路阀开启时的转速，等号右侧第一项为甩负荷至旁路阀开启的时间，第二项为旁路阀开启后的时间。

5.4.2 甩负荷特性

（1）旁路阀关闭时

根据式（5-57）绘制的高温气冷堆氦气透平循环发电系统甩负荷曲线如图 5-10 所

示。甩负荷发生后轴系转速迅速提高，瞬间超过 120%的安全限值，转速加速度与比转动惯量成反比，比转动惯量越小甩负荷后增速越快。具体考察比转动惯量为中间值的曲线，如图 5-11 所示。转速达到报警值 110%额定转速所需时间 θ_1 只有 0.69 s，达到安全限值 120%额定转速所需时间 θ_2 只有 1.45 s，“窗口期” $\theta_2-\theta_1$ 只有 0.76 s。在这 0.76 s 内一定要打开旁路阀，保护氦气涡轮机发电机组转速不超越安全限值。

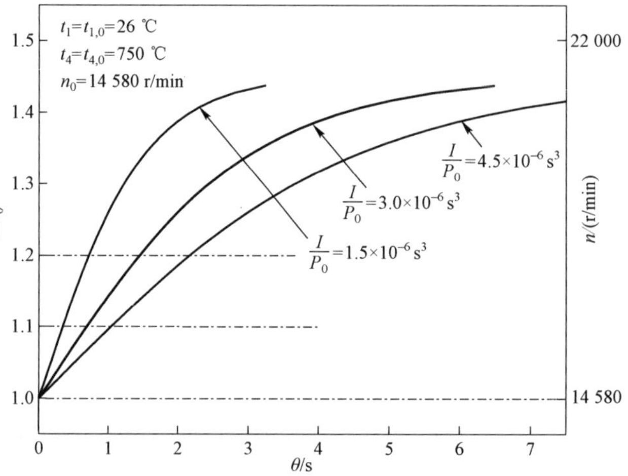

图 5-10　甩负荷曲线（常参数）

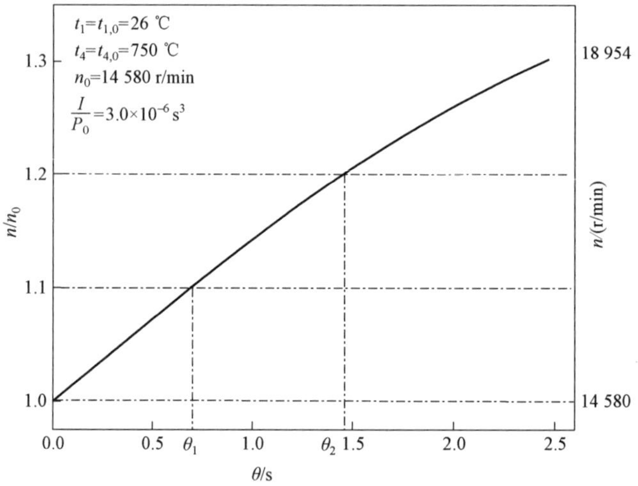

图 5-11　甩负荷曲线的“窗口期”（常参数）

（2）旁路阀开启时

氦气透平发电机组甩负荷发生后从发出指令到旁路阀全开需要一定时间，如果全开时间 $\Delta\theta$ 为 0.25 s，旁路阀全开时刻落在“窗口期”内，氦气透平发电机组甩负荷曲线如图 5-12 所示。旁路阀的分流量 β 较小时转速的增速迅速放缓，直至达到新的平衡点转速继续旋转，分流量 β 较大时转速迅速下降，直至达到新的平衡点转速继续旋转。

最后随着反应堆功率的下降，轴系逐渐降转速最终停止。如果分流量 β 为 30.0%平衡点转速恰好在 120%额定转速上，因此 β 值应该大于 30.0%。

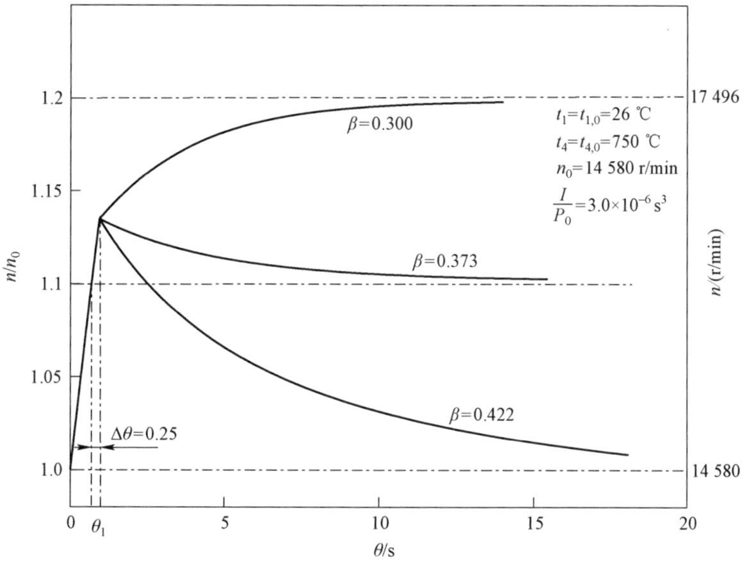

图 5-12　旁路阀全开时间 0.25 s（常参数）

旁路阀全开时间 $\Delta\theta$ 为 0.5 s 时开启时刻仍然落在“窗口期”内，氦气透平发电机组甩负荷曲线的主要特点与 $\Delta\theta$ 为 0.25 s 的一致，如图 5-13 所示，但是时间裕量减小了。

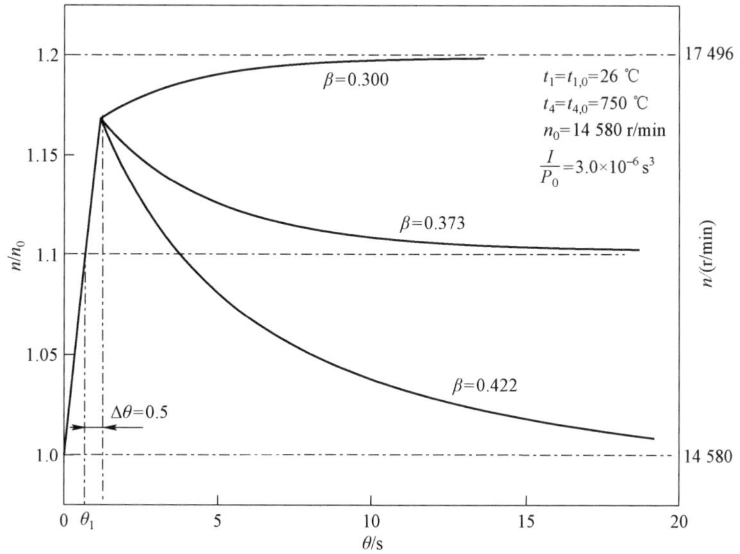

图 5-13　旁路阀全开时间 0.5 s（常参数）

上述甩负荷的关键时间节点数值如表 5-7 所示。

高温气冷堆氦气涡轮循环发电系统甩负荷的主要特点是轴系的转速迅速增加，比转动惯量越小增速越快，因此适当增加轴系的比转动惯量可以延长“窗口期” $\theta_2-\theta_1$ 的时间。在“窗口期”内必须打开旁路阀，且保持足够的分流量，从而保证轴系转速不超过安全限值 120%额定转速。

表 5-7　甩负荷的关键时间节点（常参数）

	θ /s	$\dfrac{n}{n_0}$
θ_0	0.00	1.00
θ_1	0.69	1.10
$\theta_1+0.25$	0.94	1.13
$\theta_1+0.5$	1.19	1.17
θ_2	1.45	1.20

注：$t_4=t_{4,0}=750$℃，$I/\dot{P}_0=3.0\times10^{-6}\ \text{s}^3$，$n_0=14\,580$（r/min）。

5.5　变参数特性

第 3 章的表 3-2（2）的换热流道参数，即 5 个换热流道的压力恢复系数 ξ_j 和 1 个回热器的回热度 α，是闭式布雷顿循环系统温度、压力和流量的函数，必须与第 4 章的表 4-3 的闭式布雷顿循环守恒方程联立求解。与第 4 章的推导相比，本章的变参数 ξ_j 和 α 计算公式的推导增加了无量纲自变量轴系相对转速 n/n_0，ξ_j 和 α 的特性分析中也增加了 n/n_0 的影响。

5.5.1　变参数方程组

第 4 章的变工况过程压力恢复系数和回热度方程组（表 4-8）有 3 个自由度，即系统工质相对充装量 $p_1/p_{1,0}$、循环温比 τ_4 和旁路阀分流率 β。在动态过程分析中还需要增加 1 个自由度，即氦气透平发电机组相对转速 n/n_0。

在第 4 章的变工况过程分析中，氦气涡轮发电机组相对转速 n/n_0 不变，压气机体积流量 $\dot{v}_1$ 保持恒定。而在动态过程分析中 n/n_0 不断发生变化，因此：

$$\dot{v}_1=\dot{v}_{1,0}\left(\frac{n}{n_0}\right) \tag{5-59}$$

下标 0 指额定工况，压气机体积流量 $\dot{v}_1$ 与转速 n 成正比。把式（5-59）代入式（4-35）至式（4-73）的推导过程中，可以得到动态过程压力恢复系数和回热度方程组（表 5-8）。与表 4-8 相比，表 5-8 的方程多了一个自由度 n/n_0，另外表达式也相应地复杂一些。

表 5-8（1）　动态过程压力恢复系数和回热度方程组

编号	变量	方程
1	ξ_{2a-2b}	$\dfrac{1-\xi_{2a-2b}}{1-\xi_{2a-2b,0}}=\dfrac{\pi_{2a,0}(\pi_{2a,0}+\pi_{2b,0})}{\pi_{2a}(\pi_{2a}+\pi_{2b})}\dfrac{(\tau_{2a}+\tau_{2b})}{(\tau_{2a,0}+\tau_{2b,0})}\left(\dfrac{n}{n_0}\right)^2$
2	ξ_{2-3}	$\dfrac{1-\xi_{2-3}}{1-\xi_{2-3,0}}=\dfrac{\pi_{2,0}(\pi_{2,0}+\pi_{3,0})}{\pi_2(\pi_2+\pi_3)}\dfrac{(\tau_2+\tau_3)}{(\tau_{2,0}+\tau_{3,0})}(1-\beta)^2\left(\dfrac{n}{n_0}\right)^2$
3	ξ_{3-4}	$\dfrac{1-\xi_{3-4}}{1-\xi_{3-4,0}}=\dfrac{\pi_{3,0}(\pi_{3,0}+\pi_{4,0})}{\pi_3(\pi_3+\pi_4)}\dfrac{(\tau_3+\tau_4)}{(\tau_{3,0}+\tau_{4,0})}(1-\beta)^2\left(\dfrac{n}{n_0}\right)^2$
4	ξ_{5-6}	$\dfrac{1-\xi_{5-6}}{1-\xi_{5-6,0}}=\dfrac{\pi_{5,0}(\pi_{5,0}+\pi_{6,0})}{\pi_5(\pi_5+\pi_6)}\dfrac{(\tau_5+\tau_6)}{(\tau_{5,0}+\tau_{6,0})}(1-\beta)^2\left(\dfrac{n}{n_0}\right)^2$
5	ξ_{6-1}	$\dfrac{1-\xi_{6-1}}{1-\xi_{6-1,0}}=\dfrac{\pi_{6,0}(\pi_{6,0}+\pi_{1,0})}{\pi_6(\pi_6+\pi_1)}\dfrac{(\tau_6+\tau_1)}{(\tau_{6,0}+\tau_{1,0})}(1-\beta)^2\left(\dfrac{n}{n_0}\right)^2$
6	α	$\left(\dfrac{2\tau_2+\alpha(\tau_5-\tau_2)}{2\tau_{2,0}+\alpha_0(\tau_{5,0}-\tau_{2,0})}\right)^{0.136}\left(\dfrac{2\tau_5-\alpha(\tau_5-\tau_2)}{2\tau_{5,0}-\alpha_0(\tau_{5,0}-\tau_{2,0})}\right)^{0.136}$ $\left(\dfrac{(2\tau_{2,0}+\alpha_0(\tau_{5,0}-\tau_{2,0}))^{0.136}+(2\tau_{5,0}-\alpha_0(\tau_{5,0}-\tau_{2,0}))^{0.136}}{(2\tau_2+\alpha(\tau_5-\tau_2))^{0.136}+(2\tau_5-\alpha(\tau_5-\tau_2))^{0.136}}\right)$ $\left(\dfrac{(2\tau_5-\alpha(\tau_5-\tau_2))-(2\tau_2+\alpha(\tau_5-\tau_2))}{(2\tau_{5,0}-\alpha_0(\tau_{5,0}-\tau_{2,0}))-(2\tau_{2,0}+\alpha_0(\tau_{5,0}-\tau_{2,0}))}\right)$ $=\left(\dfrac{p_1}{p_{1,0}}\right)^{0.2}\left(\dfrac{\alpha(\tau_5-\tau_2)}{\alpha_0(\tau_{5,0}-\tau_{2,0})}\right)(1-\beta)^{0.2}\left(\dfrac{n}{n_0}\right)^{0.2}$

表 5-8（2）　补充方程（节点无量纲温度）

节点	额定工况	动态工况
1	$\tau_{1,0}=1$	$\tau_1=1$
2a	$\tau_{2a,0}=\left(1+\dfrac{\varepsilon_{LC,0}^{\frac{k-1}{k}}-1}{\eta_{LC,0}}\right)$	$\tau_{2a}=\left(1+\dfrac{\varepsilon_{LC}^{\frac{k-1}{k}}-1}{\eta_{LC}}\right)$
2b	$\tau_{2b,0}=\tau_{1,0}=1$	$\tau_{2b}=\tau_1=1$
2	$\tau_{2,0}=\left(1+\dfrac{\varepsilon_{HC,0}^{\frac{k-1}{k}}-1}{\eta_{HC,0}}\right)$	$\tau_2=\left(1+\dfrac{\varepsilon_{HC}^{\frac{k-1}{k}}-1}{\eta_{HC}}\right)$
3	$\tau_{3,0}=\tau_{2,0}+\alpha_0(\tau_{5,0}-\tau_{2,0})$	$\tau_3=\tau_2+\alpha(\tau_5-\tau_2)$
4	输入：$\tau_{4,0}$	输入：τ_4

续表

节点	额定工况	动态工况
5	$\tau_{5,0}=\tau_{4,0}\left\{1+\eta_{\mathrm{T},0}\left[(\varepsilon_{\mathrm{C},0}\xi_{\mathrm{t},0})^{-\left(\frac{k-1}{k}\right)}-1\right]\right\}$	$\tau_5=\tau_4\left\{1+\eta_{\mathrm{T}}\left[(\varepsilon_{\mathrm{C}}\xi_{\mathrm{t}})^{-\left(\frac{k-1}{k}\right)}-1\right]\right\}$
6	$\tau_{6,0}=\tau_{5,0}-\alpha_0(\tau_{5,0}-\tau_{2,0})$	$\tau_6=\tau_5-\alpha(\tau_5-\tau_2)$
补-1	$\varepsilon_{\mathrm{C},0}=\varepsilon_{\mathrm{LC},0}\varepsilon_{\mathrm{HC},0}$	$\varepsilon_{\mathrm{C}}=\varepsilon_{\mathrm{LC}}\varepsilon_{\mathrm{HC}}$
补-2	$\xi_{\mathrm{t},0}=\xi_{2\mathrm{a}-2\mathrm{b},0}\,\xi_{2-3,0}\,\xi_{3-4,0}\,\xi_{5-6,0}\,\xi_{6-1,0}$	$\xi_{\mathrm{t}}=\xi_{2\mathrm{a}-2\mathrm{b}}\xi_{2-3}\xi_{3-4}\xi_{5-6}\xi_{6-1}$
补-3	$\varepsilon_{\mathrm{LC},0}=\varepsilon_0$	$\varepsilon_{\mathrm{LC}}=\varepsilon$
补-4	$\eta_{\mathrm{LC},0}=\eta_0$	$\eta_{\mathrm{LC}}=\eta$
补-5	$\varepsilon_{\mathrm{HC},0}=\varepsilon_0$	$\varepsilon_{\mathrm{HC}}=\varepsilon$
补-6	$\eta_{\mathrm{HC},0}=\eta_0$	$\eta_{\mathrm{HC}}=\eta$

表 5-8（3） 补充方程（节点无量纲压力）

节点	额定工况	动态工况
1	$\pi_{1,0}=1$	$\pi_1=1$
2a	$\pi_{2\mathrm{a},0}=\varepsilon_{\mathrm{LC},0}$	$\pi_{2\mathrm{a}}=\varepsilon_{\mathrm{LC}}$
2b	$\pi_{2\mathrm{b},0}=\varepsilon_{\mathrm{LC},0}\xi_{2\mathrm{a}-2\mathrm{b},0}$	$\pi_{2\mathrm{b}}=\varepsilon_{\mathrm{LC}}\xi_{2\mathrm{a}-2\mathrm{b}}$
2	$\pi_{2,0}=\varepsilon_{\mathrm{LC},0}\xi_{2\mathrm{a}-2\mathrm{b},0}\varepsilon_{\mathrm{HC},0}$	$\pi_2=\varepsilon_{\mathrm{LC}}\xi_{2\mathrm{a}-2\mathrm{b}}\varepsilon_{\mathrm{HC}}$
3	$\pi_{3,0}=\varepsilon_{\mathrm{LC},0}\xi_{2\mathrm{a}-2\mathrm{b},0}\varepsilon_{\mathrm{HC},0}\xi_{2-3,0}$	$\pi_3=\varepsilon_{\mathrm{LC}}\xi_{2\mathrm{a}-2\mathrm{b}}\varepsilon_{\mathrm{HC}}\xi_{2-3}$
4	$\pi_{4,0}=\varepsilon_{\mathrm{LC},0}\xi_{2\mathrm{a}-2\mathrm{b},0}\varepsilon_{\mathrm{HC},0}\xi_{2-3,0}\xi_{3-4,0}$	$\pi_4=\varepsilon_{\mathrm{LC}}\xi_{2\mathrm{a}-2\mathrm{b}}\varepsilon_{\mathrm{HC}}\xi_{2-3}\xi_{3-4}$
5	$\pi_{5,0}=\dfrac{1}{\xi_{5-6,0}\xi_{6-1,0}}$	$\pi_5=\dfrac{1}{\xi_{5-6}\xi_{6-1}}$
6	$\pi_{6,0}=\dfrac{1}{\xi_{6-1,0}}$	$\pi_6=\dfrac{1}{\xi_{6-1}}$

表 5-8 由三部分组成。表 5-8（1）是压力恢复系数和回热度方程组，表 5-8（2）是表 5-8（1）方程组涉及到的节点无量纲温度，表 5-8（3）是表 5-8（1）方程组涉及到的节点无量纲压力。表 5-8（2）和表 5-8（3）代入表 5-8（1）形成完整的方程组，求解方程组可以得到压力恢复系数和回热度与 4 个无量纲自由度的关系。

5.5.2 压力恢复系数和回热度特性

根据表 5-8，动态过程的总压力恢复系数 ξ_{t} 和回热度 α 分别是 4 个自由度的函数：

$$\xi_t = \xi_t\left(\frac{p_1}{p_{1,0}}, \tau_4, \beta, \frac{n}{n_0}\right) \tag{5-60}$$

$$\alpha = \alpha\left(\frac{p_1}{p_{1,0}}, \tau_4, \beta, \frac{n}{n_0}\right) \tag{5-61}$$

与表 4-8 的分析方法相同，表 5-8 的压力恢复系数和回热度方程可以分别对 4 个自由度进行分析考察，如表 5-9 动态过程分析单独考察的参数所示。表 5-9 前 3 个自由度的计算结果与表 4-8 相对应的计算结果完全相同，说明表 5-8 的压力恢复系数和回热度方程包含表 4-8 的方程，当相对转速 n/n_0 为 1 时表 5-8 的方程退化为表 4-8 的方程，因此可以对相对转速 n/n_0 的影响单独进行分析计算。

表 5-9　动态过程分析单独考察的参数

	相对充装量	循环温比	分流率	相对转速
额定工况	$\left(\frac{p_1}{p_{1,0}}\right)_0 = 1$	$\tau_{4,0} = 3.92$ （$t_{4,0} = 900$ ℃）	$\beta_0 = 0$	$\left(\frac{n}{n_0}\right)_0 = 1$
动态过程	$\frac{p_1}{p_{1,0}}$	τ_4 （t_4）	β	$\frac{n}{n_0}$

甩负荷工况过程中，氦气涡轮机压气机组轴系相对转速 n/n_0 和旁路阀分流率 β 同时发生变化，因此需要同时考察 n/n_0 和 β 变化带来的影响，如表 5-10 甩负荷工况分析同时考察的参数所示。

表 5-10　甩负荷工况分析同时考察的参数

	相对充装量	循环温比	分流率	相对转速
额定工况	$\left(\frac{p_1}{p_{1,0}}\right)_0 = 1$	$\tau_{4,0} = 3.42$～3.92 （$t_{4,0} = 750$～900 ℃）	$\beta_0 = 0$	$\left(\frac{n}{n_0}\right)_0 = 1$
动态过程	$\frac{p_1}{p_{1,0}} = \left(\frac{p_1}{p_{1,0}}\right)_0$	$\tau_4 = \tau_{4,0}$ （$t_4 = t_{4,0}$）	β	$\frac{n}{n_0}$

甩负荷工况的关键阶段是一个很短的过程，从发电机失去负荷到旁路阀开启的时间间隔大约在 1 s 的量级，再到氦气透平压气机组在安全限值下暂时稳定运转的时间间隔大约在 10 s 的量级。此时，系统工质的充装量 $p / p_{1,0}$ 保持不变与额定工况的值相同，循环温比 τ_4 也保持不变与额定工况的值相同。

如前所述，涡轮机无量纲做功 $\Delta\tau_T$ 与额定工况循环温比 $\tau_{4,0}$ 成正比，这里把考察参数扩展到$\tau_{4,0}$，以便考察不同设计工况下的甩负荷特性。

$$\xi_t = \xi_t\left(\tau_{4,0}, \beta, \frac{n}{n_0}\right) \tag{5-62}$$

$$\alpha = \alpha\left(\tau_{4,0}, \beta, \frac{n}{n_0}\right) \tag{5-63}$$

总压力恢复系数ξ_t和回热度α分别是额定工况循环温比$\tau_{4,0}$、旁路阀分流率β和相对转速n/n_0的函数。

氦气透平发电机组相对转速n_1/n_0与总压力恢复系数ξ_t的关系如图 5-14 所示，其数值如表 5-11 所示。随着n_1/n_0的增加ξ_t呈下降趋势，并且额定工况的$\xi_{t,0}$越小下降趋势越明显。当n_1/n_0从 1.0 增加到 1.2，$\xi_{t,0}$为0.98^5时，比值$\xi_1/\xi_{t,0}$从 1.00 下降到 0.988；$\xi_{t,0}$为0.95^5时，$\xi_1/\xi_{t,0}$从 1.00 下降到 0.975。在额定工况循环最高温度$t_{4,0}$从 750 ℃到 900 ℃的变化范围内，对应的循环温比$\tau_{4,0}$对ξ_t的影响很小可以忽略不计。

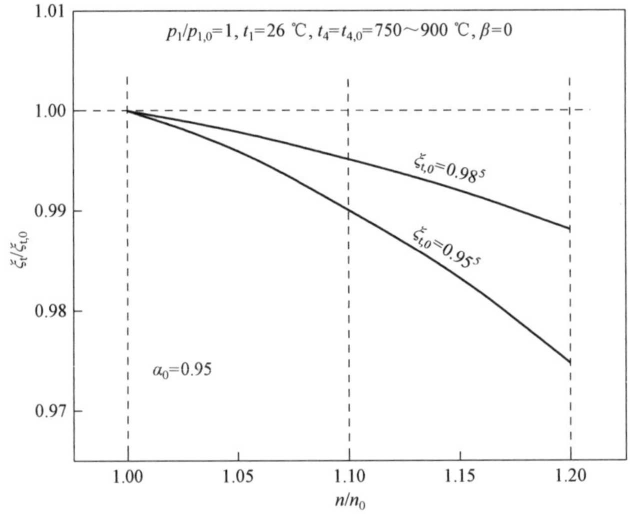

图 5-14　总压力恢复系数与相对转速的关系（$\beta=0$）

表 5-11　总压力恢复系数与相对转速的关系（$\beta=0$）

	$\xi_{t,0}=0.98^5$		$\xi_{t,0}=0.95^5$	
$\frac{n}{n_0}$	ξ_t	$\frac{\xi_t}{\xi_{t,0}}$	ξ_t	$\frac{\xi_t}{\xi_{t,0}}$
1.00	0.904	1.000	0.775	1.000
1.05	0.902	0.998	0.771	0.996
1.10	0.900	0.995	0.766	0.990
1.15	0.897	0.992	0.761	0.983
1.20	0.893	0.988	0.754	0.975

注：$p_1/p_{1,0}=1.0$，$t_1=26$℃，$t_{4,0}=750\sim900$℃，$\alpha_0=0.95$，$n_0=14\,580$ r/min，$\eta_{C,0}=0.845$，$\eta_{T,0}=0.865$。

相对转速 n_1/n_0 与回热度 α 的关系如图 5-15 所示，其数值如表 5-12 所示。随着 n_1/n_0 的增加 α 呈下降趋势，并且额定工况的 α_0 越小下降趋势越明显。当 n_1/n_0 从 1.0 增加到 1.2，α_0 为 0.95 时，比值 α/α_0 从 1.00 下降到 0.998；α_0 为 0.70 时，α/α_0 从 1.00 下降到 0.988。同样，在额定工况循环最高温度 $t_{4,0}$ 从 750 ℃到 900 ℃的变化范围内，对应的循环温比 $\tau_{4,0}$ 对 α 的影响很小可以忽略不计。

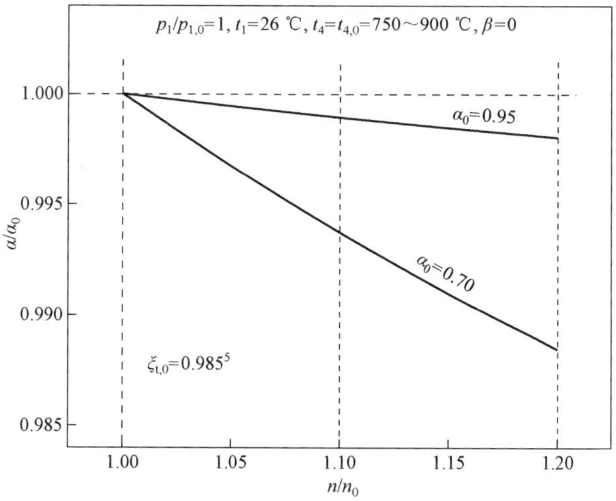

图 5-15　回热度与相对转速的关系（$\beta=0$）

表 5-12　回热度与相对转速的关系（$\beta=0$）

	$\alpha_0=0.95$		$\alpha_0=0.70$	
$\frac{n}{n_0}$	α	$\frac{\alpha}{\alpha_0}$	α	$\frac{\alpha}{\alpha_0}$
1.00	0.950	1.000	0.700	1.000
1.05	0.949	0.999	0.698	0.997
1.10	0.949	0.999	0.696	0.994
1.15	0.949	0.998	0.694	0.991
1.20	0.948	0.998	0.692	0.988

注：$p_1/p_{1,0}=1.0$，$t_1=26$ ℃，$t_{4,0}=750\sim900$ ℃，$\xi_{t,0}=0.98^5$，$n_0=14\,580$ r/min，$\eta_{C,0}=0.845$，$\eta_{T,0}=0.865$。

由式（3-64）和式（3-65）相对简单的计算公式可知，总压力恢复系数 ξ_t 不仅影响输出比功还影响循环效率，回热度 α 仅影响循环效率。因此对总压力恢复系数 ξ_t 进行再进一步的分析。

由前文可知，在氦气涡轮机发电机组甩负荷情况下，当转速达到报警值时应当立即开启旁路阀阻止轴系转速超越安全限值，并假设报警值取额定转速的 110%。如果相对转速 n_1/n_0 为 1.1 时旁路阀打开，在旁路阀不同开度下，相对转速 n_1/n_0 与总压力恢复

系数 ξ_t 的关系如图 5-16 所示，图中每条曲线趋势与图 5-14 的一致，随着 n_1/n_0 的增加 ξ_t 呈下降趋势，并且当旁路阀分流率 β 增大 ξ_t 曲线整体上升，其数值如表 5-13 所示。图和表中的参考值 ξ_t^* 是 n_1/n_0 为 1.1 旁路阀未开时的压力恢复系数。同样，在额定工况循环最高温度 $t_{4,0}$ 从 750 ℃到 900 ℃的变化范围内，对应的循环温比 $\tau_{4,0}$ 对 ξ_t 的影响很小可以忽略不计。

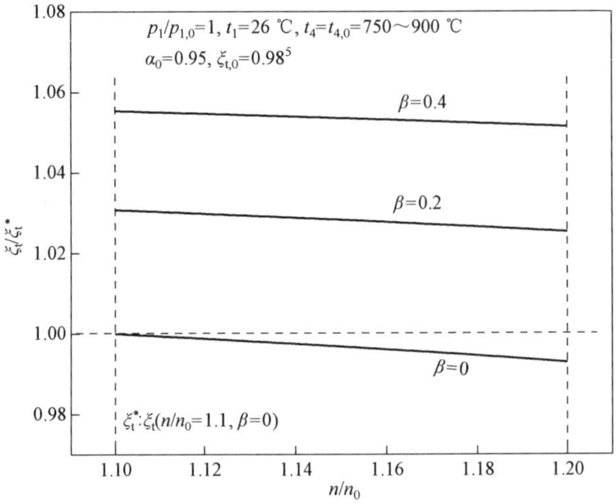

图 5-16　总压力恢复系数与相对转速的关系（$\beta \neq 0$）

表 5-13　总压力恢复系数与相对转速的关系（$\beta \neq 0$）（ξ_t^*：$n_1/n_0 = 1.1$，$\beta = 0$）

	$\beta=0$		$\beta=0.2$		$\beta=0.4$	
$\frac{n}{n_0}$	ξ_t	$\frac{\xi_t}{\xi_t^*}$	ξ_t	$\frac{\xi_t}{\xi_t^*}$	ξ_t	$\frac{\xi_t}{\xi_t^*}$
1.10	0.900	1.000	0.927	1.031	0.949	1.055
1.12	0.898	0.999	0.926	1.030	0.949	1.055
1.14	0.897	0.998	0.925	1.029	0.948	1.054
1.16	0.896	0.996	0.924	1.028	0.947	1.053
1.18	0.895	0.995	0.923	1.027	0.947	1.052
1.20	0.893	0.993	0.922	1.025	0.946	1.051

注：$p_1/p_{1,0} = 1.0$，$t_1 = 26$ ℃，$t_{4,0} = 750\sim900$ ℃，$\alpha_0 = 0.95$，$\xi_{t,0} = 0.98^5$，$n_0 = 14\,580$ r/min，$\eta_{C,0} = 0.845$，$\eta_{T,0} = 0.865$。

注：$\xi_{t,0} = \xi_t$（$n/n_0 = 1.0, \beta = 0$）。

5.6　变参数甩负荷工况分析

比较常参数甩负荷工况分析和变参数甩负荷工况分析，表 3-2（1）压气机和透平参数的变化起决定性作用，表 3-2（2）换热流道参数的变化起次要作用。常参数分析方法得到的甩负荷工况的窗口期时间是保守值，但是旁路阀分流率不是保守值，需要用变参数分析方法或更精确的物理和数学模型得到旁路阀分流率的实际值。

5.6.1　各变量的函数关系

如前所述，闭式布雷顿循环动态过程有 4 个实际自由度，即循环最高温度 T_4、特征点压力 p_1、旁路阀分流率 β 和氦气透平发电机组转速 n。表 3-1 的闭式布雷顿循环方程组所涉及的参数有表 3-2（1）压气机和涡轮机参数和表 3-2（2）换热流道参数。在常参数动态过程的计算中，表 3-2（1）压气机和涡轮机参数发生变化，是转速 n 的函数，表 3-2（2）换热流道参数恒定，如图 5-2 闭式布雷顿循环常参数通用计算流程图所示。在变参数动态过程的计算中，表 3-2（1）和表 3-2（2）的参数均发生变化，是 T_4、p_1、β 和 n 的函数，如图 5-3 闭式布雷顿循环变参数通用计算流程图所示。变参数动态过程的分析较为复杂，有必要在计算之前对主要变量之间的函数关系进行梳理。

根据前面的分析，第 3 章的表 3-1 的方程组所涉及的表 3-2（1）和表 3-2（2）的参数与 4 个无量纲自由度的函数关系如表 5-14 压气机透平参数和流道参数的函数关系所示。常参数分析中压气机和透平的 5 个参数都是相对转速 n/n_0 的函数，变参数分析中只有其中 4 个参数是相对转速 n/n_0 的函数，而透平等熵效率的自变量包含 4 个无量纲自由度，这是因为膨胀比中含有总压力恢复系数 ξ_t 的缘故。常参数分析中流道阻力和换热的 6 个参数都是常数，变参数分析中，根据表 5-8 的动态过程压力恢复系数和回热度方程组，都是 4 个无量纲自由度的函数。

表 5-14　压气机透平参数和流道参数的函数关系

	常参数分析	变参数分析
低压压气机压缩比	$\varepsilon_{LC}=\varepsilon_{LC}\left(\frac{n}{n_0}\right)$	$\varepsilon_{LC}=\varepsilon_{LC}\left(\frac{n}{n_0}\right)$
低压压气机等熵效率	$\eta_{LC}=\eta_{LC}\left(\frac{n}{n_0}\right)$	$\eta_{LC}=\eta_{LC}\left(\frac{n}{n_0}\right)$
高压压气机压缩比	$\varepsilon_{HC}=\varepsilon_{HC}\left(\frac{n}{n_0}\right)$	$\varepsilon_{HC}=\varepsilon_{HC}\left(\frac{n}{n_0}\right)$
高压压气机等熵效率	$\eta_{HC}=\eta_{HC}\left(\frac{n}{n_0}\right)$	$\eta_{HC}=\eta_{HC}\left(\frac{n}{n_0}\right)$
透平等熵效率	$\eta_T=\eta_T\left(\frac{n}{n_0}\right)$	$\eta_T=\eta_T\left(\tau_4,\frac{p_1}{p_{1,0}},\beta,\frac{n}{n_0}\right)$
压力恢复系数	ξ_{2a-2b}：常数	$\xi_{2a-2b}=\xi_{2a-2b}\left(\tau_4,\frac{p_1}{p_{1,0}},\beta,\frac{n}{n_0}\right)$

续表

	常参数分析	变参数分析
压力恢复系数	ξ_{2-3}：常数	$\xi_{2-3}=\xi_{2-3}\left(\tau_4,\frac{p_1}{p_{1,0}},\beta,\frac{n}{n_0}\right)$
压力恢复系数	ξ_{3-4}：常数	$\xi_{3-4}=\xi_{3-4}\left(\tau_4,\frac{p_1}{p_{1,0}},\beta,\frac{n}{n_0}\right)$
压力恢复系数	ξ_{5-6}：常数	$\xi_{5-6}=\xi_{5-6}\left(\tau_4,\frac{p_1}{p_{1,0}},\beta,\frac{n}{n_0}\right)$
压力恢复系数	ξ_{6-1}：常数	$\xi_{6-1}=\xi_{6-1}\left(\tau_4,\frac{p_1}{p_{1,0}},\beta,\frac{n}{n_0}\right)$
回热度	α：常数	$\alpha=\alpha\left(\tau_4,\frac{p_1}{p_{1,0}},\beta,\frac{n}{n_0}\right)$

表 5-14 中前四个参数ε_{LC}、η_{LC}、ε_{HC}和η_{HC}仅是无量纲转速 n/n_0 的函数，其值不随常参数分析和变参数分析的变化而变化。

根据式（5-34）低压压气机的无量纲耗功$\Delta\tau_{LC}$为：

$$\Delta\tau_{LC}=\frac{\varepsilon_{LC}^{\frac{k-1}{k}}-1}{\eta_{LC}}$$

表 5-14 的变参数关系式代入式（5-34）得到：

$$\Delta\tau_{LC}=\Delta\tau_{LC}\left(\frac{n}{n_0}\right) \tag{5-64}$$

同理，高压压气机无量纲耗功$\Delta\tau_{HC}$为：

$$\Delta\tau_{HC}=\Delta\tau_{HC}\left(\frac{n}{n_0}\right) \tag{5-65}$$

$\Delta\tau_{LC}$和$\Delta\tau_{HC}$仅是无量纲转速 n/n_0 的函数，其值不随常参数分析和变参数分析的变化而变化。

根据式（5-38）透平的无量纲做功为：

$$\Delta\tau_T=\tau_4\eta_T\left[1-(\varepsilon_{LC}\varepsilon_{HC}\xi_t)^{-\left(\frac{k-1}{k}\right)}\right]$$

表 5-14 的变参数关系式代入式（5-38）得到式（5-66）：

$$\Delta\tau_T=\Delta\tau_T\left(\tau_4,\frac{p_1}{p_{1,0}},\beta,\frac{n}{n_0}\right) \tag{5-66}$$

氦气涡轮机压气机组的无量纲输出功$\Delta\tau$定义如式（5-39）：

$$\Delta\tau = (1-\beta)\Delta\tau_{\mathrm{T}} - (\Delta\tau_{\mathrm{LC}} + \Delta\tau_{\mathrm{HC}})$$

表 5-14 的变参数关系式代入式（5-39）得到式（5-67）：

$$\Delta\tau = \Delta\tau\left(\tau_4, \frac{p_1}{p_{1,0}}, \beta, \frac{n}{n_0}\right) \tag{5-67}$$

甩负荷时氦气涡轮机发电机组转速平衡点所对应的旁路阀分流率 β 可以根据式（5-45）求出：

$$\beta = \frac{\Delta\tau_{\mathrm{T}} - (\Delta\tau_{\mathrm{LC}} + \Delta\tau_{\mathrm{HC}})}{\Delta\tau_{\mathrm{T}}}$$

表 5-14 的变参数关系式代入式（5-45）得到式（5-68）：

$$\beta = \beta\left(\tau_4, \frac{p_1}{p_{1,0}}, \beta, \left(\frac{n}{n_0}\right)_{\max}\right) \tag{5-68}$$

等式左边和右边都含有 β，需要迭代才能求出 β。

根据式（5-57），旁路阀关闭时：

$$\theta = \frac{\Delta\tau_0}{\Omega_0}\int_1^{n/n0} \frac{1}{\Delta\tau(\beta=0)} \mathrm{d}\left(\frac{n}{n_0}\right)$$

表 5-14 的变参数关系式代入式（5-57）得到式（5-69）：

$$\theta = \theta\left(\tau_4, \frac{p_1}{p_{1,0}}, \frac{n}{n_0}\right) \tag{5-69}$$

根据式（5-58），旁路阀开启时：

$$\theta = \frac{\Delta\tau_0}{\Omega_0}\int_1^{n^*/n0} \frac{1}{\Delta\tau(\beta=0)} \mathrm{d}\left(\frac{n}{n_0}\right) + \frac{\Delta\tau_0}{\Omega_0}\int_{n^*/n0}^{n/n0} \frac{1}{\Delta\tau(\beta\neq 0)} \mathrm{d}\left(\frac{n}{n_0}\right)$$

表 5-14 的变参数关系式代入式（5-58）得到式（5-70）：

$$\theta = \theta\left(\tau_4, \frac{p_1}{p_{1,0}}, \beta, \frac{n}{n_0}\right) \tag{5-70}$$

同理，用表 5-14 的常参数关系式代入上述对应公式中可以得到常参数分析中各变量的函数关系。

如前所述，在甩负荷分析时，系统工质充装量 $p_1/p_{1,0}$ 保持不变，循环温比 τ_4 保持不变，可以去掉两个无量纲自变量 $p_1/p_{1,0}$ 和 τ_4。若考虑到分析反应堆不同出口温度设计值的影响，可以加上一个无量纲自变量额定工况的循环温比 $\tau_{4,0}$。闭式布雷顿循环甩负荷工况重要变量的函数关系归总在表 5-15 中。

表 5-15 甩负荷工况重要变量的函数关系（$p_1/p_{1,0}=1$，$\tau_4=\tau_{4,0}$）

	常参数分析	变参数分析
低压压气机无量纲耗功	$\Delta\tau_{LC}=\Delta\tau_{LC}\left(\frac{n}{n_0}\right)$	$\Delta\tau_{LC}=\Delta\tau_{LC}\left(\frac{n}{n_0}\right)$
高压压气机无量纲耗功	$\Delta\tau_{HC}=\Delta\tau_{HC}\left(\frac{n}{n_0}\right)$	$\Delta\tau_{HC}=\Delta\tau_{HC}\left(\frac{n}{n_0}\right)$
透平无量纲做功	$\Delta\tau_{T}=\Delta\tau_{T}\left(\tau_{4,0},\frac{n}{n_0}\right)$	$\Delta\tau_{T}=\Delta\tau_{T}\left(\tau_{4,0},\beta,\frac{n}{n_0}\right)$
无量纲输出功	$\Delta\tau=\Delta\tau\left(\tau_{4,0},\beta,\frac{n}{n_0}\right)$	$\Delta\tau=\Delta\tau\left(\tau_{4,0},\beta,\frac{n}{n_0}\right)$
平衡转速点旁路阀分流率	$\beta=\beta\left(\tau_{4,0},\left(\frac{n}{n_0}\right)_{max}\right)$	$\beta=\beta\left(\tau_{4,0},\beta,\left(\frac{n}{n_0}\right)_{max}\right)$
甩负荷窗口期 $\beta=0$	$\theta=\theta\left(\tau_{4,0},\frac{n}{n_0}\right)$ $\theta_1=\theta(\tau_{4,0},1.1)$ $\theta_2=\theta(\tau_{4,0},1.2)$	$\theta=\theta\left(\tau_{4,0},\frac{n}{n_0}\right)$ $\theta_1=\theta(\tau_{4,0},1.1)$ $\theta_2=\theta(\tau_{4,0},1.2)$
甩负荷持续时间 $\beta\neq 0$	$\theta=\theta\left(\tau_{4,0},\beta,\frac{n}{n_0}\right)$	$\theta=\theta\left(\tau_{4,0},\beta,\frac{n}{n_0}\right)$

5.6.2 分析计算结果

在闭式布雷顿循环甩负荷工况分析中，氦气透平发电机组转子旋转的动力来源是轴系的无量纲输出功 $\Delta\tau$，如式 5-39 所示。由表 5-15 甩负荷工况重要变量的函数关系的分析可以得出，其中的压气机无量纲耗功 $\Delta\tau_{LC}$ 和 $\Delta\tau_{HC}$ 在常参数和变参数两种方法分析中计算所得结果相等，而涡轮机无量纲做功 $\Delta\tau_T$ 由于包含总压力恢复系数 ξ_t，式（5-38）两种算法所得结果不相等。

变参数分析所得的涡轮机无量纲做功 $\Delta\tau_T$ 如图 5-17 和图 5-18 所示。

回顾图 5-16 的总压力恢复系数 ξ_t 的结果，ξ_t 随相对转速 n/n_0 增加而减小，并随旁路阀分流率 β 增加而整体提高，在旁路阀未打开 β 为 0 时，变参数计算所得 ξ_t 均小于常参数所得 ξ_t；在旁路阀打开 β 大于 0 时，变参数计算所得 ξ_t 均大于常参数所得 ξ_t，且 β 越大差值越大。因为 $\Delta\tau_T$ 是 ξ_t 的单调增函数，图 5-17 和图 5-18 的结果与图 5-16 的结果具有一致性，即在旁路阀未打开 β 为 0 时，变参数计算所得 $\Delta\tau_T$ 均小于常参数所得 $\Delta\tau_T$；在旁路阀打开 β 大于 0 时，变参数计算所得 $\Delta\tau_T$ 均大于常参数所得 $\Delta\tau_T$，且 β 越大差值越大。图 5-17 是循环最高温度 t_4 为 750 ℃的数据，图 5-18 是 t_4 为 900 ℃的数据，根据式（5-38）$\Delta\tau_T$ 与循环温比 τ_4 成正比，两图的对应数据也成正比。图 5-17 和图 5-18 的具体数值如表 5-16 常参数和变参数涡轮机无量纲做功比较所示。

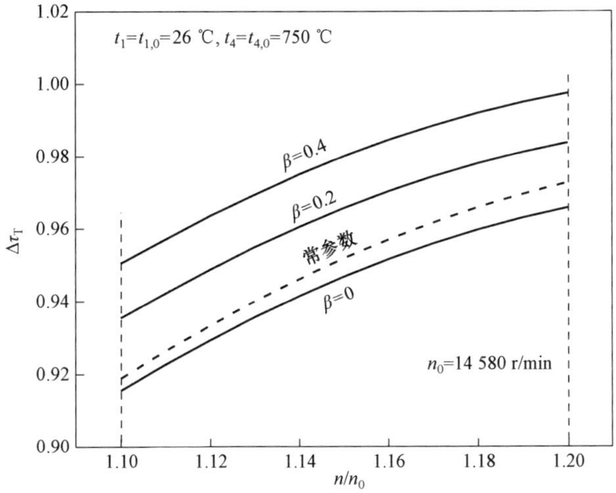

图 5-17　变参数分析的涡轮机无量纲做功（750 ℃）

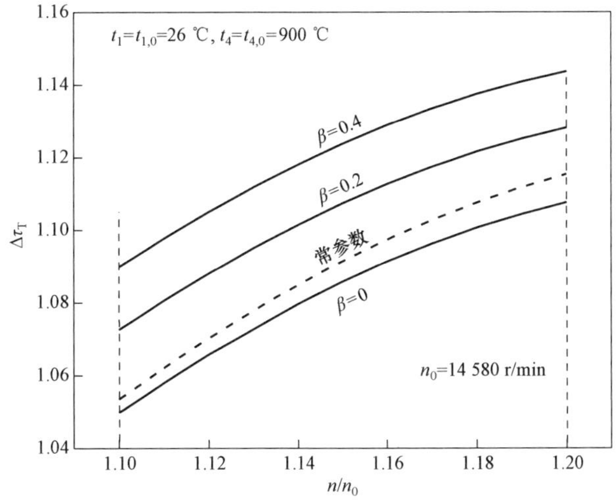

图 5-18　变参数分析的涡轮机无量纲做功（900 ℃）

表 5-16　常参数和变参数透平无量纲做功比较

$t_4=t_{4,0}=750$ ℃							
	常参数	$\beta=0$		$\beta=0.2$		$\beta=0.4$	
$\frac{n}{n_0}$	$\Delta\tau_T$	$\Delta\tau_T$	相对差值	$\Delta\tau_T$	相对差值	$\Delta\tau_T$	相对差值
1.1	0.919	0.916	-3.61×10^{-3}	0.936	1.78×10^{-2}	0.951	3.34×10^{-2}
1.2	0.973	0.966	-7.09×10^{-3}	0.984	1.12×10^{-2}	0.997	2.47×10^{-2}

续表

	常参数	$\beta=0$		$\beta=0.2$		$\beta=0.4$	
$\frac{n}{n_0}$	$\Delta\tau_T$	$\Delta\tau_T$	相对差值	$\Delta\tau_T$	相对差值	$\Delta\tau_T$	相对差值
$t_4=t_{4,0}=900$ ℃							
1.1	1.054	1.050	-3.53×10^{-3}	1.073	1.78×10^{-2}	1.090	3.34×10^{-2}
1.2	1.115	1.108	-6.98×10^{-3}	1.128	1.13×10^{-2}	1.144	2.48×10^{-2}

根据式（5-45）可以求得甩负荷工况氦气涡轮机发电机组转速平衡点所需旁路阀的分流率β，式中$\Delta\tau_{LC}$和$\Delta\tau_{HC}$不受变参数计算和常参数计算变化的影响，$\Delta\tau_T$则随变参数计算和常参数计算的不同而变化，具体结果如表 5-17 常参数和变参数转速平衡点旁路阀分流率比较所示。因为旁路阀开启时变参数的$\Delta\tau_T$大于常参数的，此时相同转速平衡点所需旁路阀分流率β也略大于常参数的，说明常参数所得旁路阀分流率β不是保守值，需引起重视。

表 5-17　常参数和变参数转速平衡点旁路阀分流率比较

	$t_4=750$ ℃			$t_4=900$ ℃		
	常参数	变参数	差值	常参数	变参数	差值
$\frac{n}{n_0}$	β	β	$\Delta\beta$	β	β	$\Delta\beta$
1	0.422	0.450	2.76×10^{-2}	0.496	0.522	2.64×10^{-2}
1.1	0.373	0.394	2.07×10^{-2}	0.453	0.474	2.09×10^{-2}
1.2	0.300	0.314	1.39×10^{-2}	0.390	0.405	1.50×10^{-2}

根据式（5-57）可以求得甩负荷工况旁路阀开启的窗口期，因为此时旁路阀未开启变参数计算所得透平无量纲做功$\Delta\tau_T$小于常参数计算所得的，所以变参数窗口期时间θ_1和θ_2略大于常参数的，对于θ_1差值为 2.83×10^{-3} s，对于θ_2差值为 1.54×10^{-2} s，常参数所得的θ_1和θ_2为保守值，如表 5-18 常参数和变参数旁路阀开启窗口期比较所示。

表 5-18　常参数和变参数旁路阀开启窗口期比较

$\frac{n}{n_0}$	θ（s）	常参数	变参数	差值
1.1	θ_1	0.694	0.697	2.83×10^{-3}
1.2	θ_2	1.450	1.465	1.54×10^{-2}
窗口期	$\theta_2-\theta_1$	0.756	0.768	1.26×10^{-2}

注：$t_4=t_{4,0}=750$ ℃，$I/\dot{P}_0=3.0\times10^{-6}\ \text{s}^3$，$n_0=14\,580$ r/min。

变参数分析计算所得的甩负荷曲线与常参数所得的图 5-12 和图 5-13 相仿，主要区别是窗口期时间略增大，所需旁路阀分流率也略增大。

对于闭式布雷顿循环的甩负荷工况分析，相对于第 3 章的表 3-2（2）换热流道参数，表 3-2（1）压气机和透平参数起到决定性作用。对于方案设计，可以采用常参数方法分析计算得到甩负荷工况的主要特性和参数，此时窗口期时间是保守值，但是要注意旁路阀分流率不是保守值。在此基础上，可以采用变参数计算方法或更精确的物理和数学模型计算甩负荷工况特性和各种参数。

思考题

1. 假设质量流量与转速 n 成正比，在图 5-4 的压气机性能图上确定运行路线，然后确定压缩比与转速的关系式以及等熵效率与转速的关系式，并与式(5-24)和式(5-25)相比较。

2. 假设额定工况堆芯出口温度 $t_{4,0}$ 为 800 ℃，根据式（5-38）和式（5-45），用常参数分析方法计算甩负荷工况下压气机和透平无量纲耗功和做功以及转速平衡点的分流率，并与图 5-6 和图 5-9 数据相比较。

3. 根据图 5-10 甩负荷曲线中三个比转动惯量 $I/\dot{P}_0$ 的数值和式（5-57）的公式，用常参数分析方法计算甩负荷曲线的窗口期的时间 θ_1 和 θ_2，并与图 5-11 和表 5-7 的结果进行比较。

4. 根据式（5-59）的提示推导表 5-8 的动态过程压力恢复系数和回热度方程组，并验证当相对转速 n/n_0 为 1 时表 5-8 的方程组退化为表 4-8 的方程组。

5. 根据表 5-18 中变参数旁路阀开启窗口期和表 5-17 中变参数转速平衡点旁路阀分流率的数据以及式（5-57）和式（5-58）的公式，用变参数分析方法计算甩负荷曲线，并与常参数分析的甩负荷曲线图 5-12 和图 5-13 相比较。

参考文献

［1］ CENGEL Y A. Themodynamics—An Engineering Approach［M］. Los Angeles：McGraw-Hill Education，2015.

［2］ 顾义华. 高温气冷堆气体涡轮机循环及涡轮机压气机基本特性研究［D］. 北京：清华大学，2003.

［3］ 杨世铭，陶文铨. 传热学［M］. 4 版. 北京：高等教育出版社，2006.

［4］ 居怀明. 载热质热物性计算程序及数据手册［M］. 北京：中国原子能出版社，1990.

［5］ GOHEN H. Gas Turbine Theory［M］. London：Longmen Group Limited，1996.

［6］ 孙金龙. 高温气冷堆布雷登循环氦气充装量调节的准稳态特性研究［D］. 北京：清华大学，2006.

［7］ 丁铭. 高温气冷堆闭式布雷登循环动态特性和控制方法研究［D］. 北京：清华大学，2009.

［8］ 洒荣园. 高温气冷堆布雷登循环旁路阀调节的动态特性研究［D］，北京：清华大学，2007.

附录　主要符号表

c_p	比定压热容，J/（kg·K）
c_v	比定容热容，J/（kg·K）
i	比焓，J/kg
I	转动惯量，kg·m^2
k	比热比，$= c_\mathrm{p} / c_\mathrm{v}$（无量纲）
$\dot{m}_i$	节点质量流量，kg/s
$\dot{m}_j$	子过程质量流量，kg/s
M_i	节点积分流量，kg
M	循环系统工质充装量，kg
n_eu	中子密度，m^{-3}
p_i	节点压力，Pa
P	输出功，J
$\dot{P}$	输出功率，W
P_0	额定工况输出功，J
$\dot{P}_0$	额定工况输出功率，W
Q_core	堆芯热量，J
$\dot{Q}_\mathrm{core}$	堆芯功率，W
$Q_\mathrm{core,0}$	额定工况堆芯热量，J
$\dot{Q}_\mathrm{core,0}$	额定工况堆芯功率，W
t_i	节点温度，℃
T_i	节点温度，K
w	输出比功，J/kg

希腊字母（无量纲）

α	回热度
β	分流率
ε_LC	低压压气机压缩比，$= p_\mathrm{2a} / p_1$

ε_{HC}	高压压气机压缩比，$= p_2 / p_{2b}$
ε_C	压气机总压缩比，$= \varepsilon_{LC}\varepsilon_{HC}$
φ_1	$= (k-1)/k$
φ_2	$= (k-1)/2k$
η_{LC}	低压压气机等熵效率
η_{HC}	高压压气机等熵效率
η_T	透平等熵效率
η	循环效率
ρ_{ex}	堆芯反应性
σ_j	无量纲流量
ξ_j	子过程压力恢复系数
ξ_t	循环系统总压力恢复系数
π_i	节点压力比，$= p_i / p_1$
τ_i	节点温度比，$= T_i / T_1$

希腊字母（有量纲）

θ	时间，s
ω	角速度，1/s
Ω_0	初始角加速度，$1/s^2$

下标

i	节点
j	子过程
LC	低压压气机
HC	高压压气机
T	涡轮机
core	堆芯
pre	预冷器
inter	间冷器
0	额定工况